植物园创新发展与实践丛书

植物园的科学普及

Public Education in
Botanical Gardens

王西敏　何祖霞　胡永红　编著

中国建筑工业出版社

图书在版编目（CIP）数据

植物园的科学普及 = Public Education in
Botanical Gardens / 王西敏，何祖霞，胡永红编著. —
北京：中国建筑工业出版社，2021.8
（植物园创新发展与实践丛书）
ISBN 978-7-112-26217-5

Ⅰ. ①植… Ⅱ. ①王… ②何… ③胡… Ⅲ. ①植物园
—科普工作—研究 Ⅳ. ①Q94–339

中国版本图书馆CIP数据核字（2021）第123538号

本书以上海辰山植物园为例，从科普设施、主题活动、科普体系以及科普评估等4个方面，详细介绍了植物园的特色和优势，以及在此基础上论述科普活动的理论和方法，并展望了植物园科普工作未来的发展方向。本书可供植物园以及其他领域的科普工作者、自然教育从业者参考。

Taking the Shanghai Chenshan Botanical Garden as an example, this book introduces the characteristics and advantages of the botanical garden in detail and prospects the future development of a botanical garden's education from four aspects, including facilities, theme activities, system and evaluation, as well as the theories and methods of carrying out educational programs. On such, this book can be used as a reference for environmental and science educators in botanical gardens and other fields.

责任编辑：杜　洁　孙书妍
版式设计：锋尚设计
责任校对：赵　菲

植物园创新发展与实践丛书
植物园的科学普及
Public Education in Botanical Gardens
王西敏　何祖霞　胡永红　编著

*
中国建筑工业出版社出版、发行（北京海淀三里河路9号）
各地新华书店、建筑书店经销
北京锋尚制版有限公司制版
天津图文方嘉印刷有限公司印刷
*
开本：787毫米×1092毫米　1/16　印张：8½　字数：177千字
2021年8月第一版　2021年8月第一次印刷
定价：118.00元
ISBN 978-7-112-26217-5
（37266）

序

作为"植物园创新发展与实践丛书"之一的《植物园的科学普及》，经过近一年的整理，终于完整呈现出来了。辰山植物园的同事邀请我写一篇序言，我欣然接受。

我曾经说过，植物园是种植爱、生产爱的地方，科学普及工作恰恰就是把这份爱向广大公众传播的方式。

全球每年约有 5 亿人次参观植物园，植物园已经成为在普及科学文化知识、提高公众科学素养、增强环境保护理念等方面不可替代的场所。如果你仔细追究下去，就会发现人们来植物园的动机其实是很多元的：放松身心、陪伴家人、欣赏美景或者是学习知识，等等。如何满足如此多样需求的人群，其实非常考验植物园科普工作者的能力。好在，这十年来，辰山植物园拿出了一份还算满意的答卷。

世界的变化往往出乎意料，2020 年的新冠疫情，让全球的植物园都采取了暂时性的闭园措施。由于疫情的反复，即使后来重新开园，也不得不采取限制人流、减少大型活动等措施。辰山植物园在闭园期间，恰逢樱花盛开。这本来是上海春季最美的景色之一，每年吸引无数人前来，而现在却成了"孤芳无人赏"的局面。好在辰山植物园及时采取"云赏花"的策略，让上亿人次通过网络欣赏到了樱花盛开的场景，这一数据也让我们十分惊讶。整个 2020 年，"云赏花"成为一种常态，这也让我们反思如何让科学普及工作能够更及时地适应这种变化。

在这里，我也对辰山植物园的科普工作提出一个希望。我们往往津津乐道自己做了什么，但更要随时反思"为什么"要这么做。对科普教育工作来说，这不是一个小问题，不能走着走着，却忘了自己为什么出发。我希望，未来十年，辰山植物园的同事们要用更多的时间来梳理植物园的科普理论体系，探讨"为什么"的问题。以重大问题、重大成果、重大创新和重大影响作为我们科普工作的指导原则，探讨怎么样的科学普及是高效的、科普品牌的创新性和影响力在哪里，以及新形势下科学普及如何与技术更好地结合。

说到底，科学普及工作是对"人"的工作。只要心里时刻想着"人"，我们就一定能把工作做好。你一定能从这本书里看出，辰山植物园的科学普及工作之所以成功，恰恰最重视的就是"人"，这也就是我们说的"爱"。

辰山植物园还很年轻，需要更多地与国际和国内的同行交流学习，把这份"爱"传递给更多的人。

陈晓亚

2021 年 2 月

前言

近年来，国家高度重视科学普及工作，把科学普及放在与科技创新同等重要的位置，与科技创新一起成为国家创新驱动发展"一体两翼"中的两翼。2016 年国务院颁布《全民科学素质行动计划纲要实施方案（2016–2020 年）》，明确提出"公民科学素质是实施创新驱动发展战略的基础，是国家综合国力的体现。"

在新形势下，全国上下形成了科普事业蓬勃发展的局面。一方面，科技部、生态环境部、教育部等国家部委对公众科普教育非常重视，使得全国从上到下掀起了科普教育和生态环境保护的热潮；另一方面，随着公众素质的提升，人们对环境日益关注，催生了一大批热心公益、有活力、有实力的科普教育爱好者和相关科普教育机构的开创者。

科普教育事业的蓬勃发展、公众对科普和环境保护的关注，给科学普及工作带来巨大的发展机遇和挑战。我们能够明显看到，当前中国的科学普及工作正经历着某些转变。例如，之前的科学普及主体以少数科学家和科普机构为主，现在更加多元；之前科学普及的内容往往以传授科学知识为主，现在则强调科学知识、科学方法和科学精神并重；讲授模式也发生了变化，以往是传统的授课，如今新媒体平台则成为重要的传播渠道等等。

与此同时，当前社会处于一个急剧变化的年代，人类取得的成就和面临的问题都前所未有。科学进步有力地促进了社会整体经济水平的提升，社会物质资料生产水平达到了新的高度。根据世界银行 2018 年的数据，全球 GDP 总量为 85.5 万亿美元，越来越多的新技术被用于日常生活，人们的生活水平得到了大幅度改善，人均寿命和生活质量都显著提升。以中国为例，1949 年的人均寿命不足 35 岁，而 2018 年达到了 77 岁。另一方面，经济发展给自然环境造成了巨大压力。从生物多样性保护的角度来说，全球正在经历因为人类活动而可能导致的第六次物种大灭绝已经成为共识。动植物生存环境被破坏、气候变化、外来物种入侵、自然资源过度使用和环境污染等因素，造成许多物种灭绝或濒临灭绝。到 21 世纪末，预计全球变暖还将导致 1/2 的植物面临生存威胁，超过 2/3 的维管植物可能完全消失。

在这样的大背景下，植物园应该发挥、可以发挥哪些作用？

植物园在公众的生活中具有重要的影响。根据国际植物园保护联盟

（BGCI）2020年2月在其网站上公布的数字，全球每年到访植物园的游客约有5亿人次。植物园是一个非常好的向公众展示植物、环境及其生态重要性的平台。BGCI建议，植物园面向公众开展教育活动应该着重传播以下内容：植物界惊人的多样性；植物与其环境之间建立起来的复杂关系；植物在我们生活、经济、文化和美化方面的重要性；植物与当地居民之间的关系；当地环境与全球视野；全球植物面临的主要威胁以及植物灭绝的后果等。

正因如此，以科学研究、物种保存和公众教育为重要使命的现代植物园迎来了新的发展阶段。上海辰山植物园作为千禧年以后国内新建植物园的代表，秉承"精研植物·爱传大众"的理念，致力于将植物在人类社会发展中的重要性和保护植物的理念传递给公众，并且在科学普及工作上也取得了宝贵的经验和一定的成绩。

本书以上海辰山植物园的科学普及为例，对植物园的主题活动和科学普及理论和实践进行了梳理和提升。从国内外植物园科普概况、植物园的科普设施建设、植物园主题活动、植物园科学普及体系、植物园科普评估等5个章节，全面阐述了植物园实施科学普及功能的重要性以及如何结合各园区的特色资源，策划举办主题花展和科普教育活动，并融合社交媒体资源开展更广泛的社会宣传，以进一步搭建公众了解植物多样性和植物科学研究前沿的平台，促进公众科学素养的进一步提升，增强生物多样性与环境的保护意识。

在上海辰山植物园开园十周年之际，我们以自身实践为案例对植物园科普事业进行思考和总结，以求管中窥豹，让公众对中国植物园科学普及工作有深入的理解。

本书在编写过程中得到了中科院西双版纳热带植物园、中科院武汉植物园、中科院华南植物园、中科院昆明植物园、北京植物园、南京中山植物园、中科院吐鲁番沙漠植物园、深圳中科院仙湖植物园、西安植物园等国内植物园领导和同仁的积极支持和帮助，提供了各自园区的文字材料及图片。此外，上海辰山植物园的张哲、郗旺、寿海洋、王凤英、王宋燕等人提供了部分资料，上海市公园管理事务中心的王锐、辰山植物园的沈戚懿以及一批热爱辰山植物园的朋友们提供了图片，在此一并特别感谢！

当然我们理解用一个单位的材料，不可避免地在框架和内容方面存在不足。由于编撰人员水平有限、掌握资料的局限等原因，不妥之处在所难免。我们殷切希望领导、专家学者、植物园同行及关心植物园发展的社会各界人士批评指正。

目录

第3章 上海辰山植物园的主题活动

第4章 上海辰山植物园的科学普及体系

第5章 植物园的科普评估

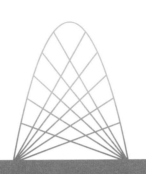

第1章
植物园科学普及概况

根据国际植物园保护联盟（BGCI）对植物园的定义，植物园是"拥有活植物收集区，并对收集区内的植物进行记录管理，使之用于科学研究、保护、展示和教育的机构"（Wyse et al., 2000）。

最早对公众开放的植物园源自 16 世纪中叶的欧洲，它们是 1544 年建造的意大利比萨（Pisa）植物园和 1545 年建造的帕多瓦（Padova）植物园，1997 年被联合国教科文组织（UNESCO）列为世界遗产。当时的建园目的是收集药用植物，为教会医院提供实习场所和应用材料。据统计，到 2017 年，全世界约有 3300 多个植物园，主要分布在欧洲、北美洲和亚洲的 180 多个国家和地区（任海等，2017）。全球植物园收集栽培了 75000 种植物，占全球植物的 25%，其中包括 30% 的全球珍稀濒危植物（胡永红，2005）。中国各种类型的植物园（树木园）有 162 个（焦阳等，2019）。植物园已经成为收集、保护、展示和开发利用植物资源的研究基地，在人类社会的可持续发展中起着非常重要的作用。

植物园多样化的植物种类、具有特色的园林景观和科研成果吸引了越来越多的关注，成为公众了解丰富多彩植物世界的窗口。全球每年约有 5 亿人次参观植物园（BGCI，2020），植物园成为在普及科学文化知识、提高公众科学素养、增强环境保护理念等方面不可替代的场所。拥有一个高水平的植物园已经成为现代化国际大都市的重要标志。

1.1　植物园在科学普及中的作用

植物园因其处于理论和实践的交叉点上，是进行科普教育的理想场所，在普及植物学和生态学科学知识、科学方法和科学思想，激发人们热爱和保护生态环境，发展经济等方面都起着重要作用。植物园丰富的植物资源、完备的科普设施，可以为公众学习知识、欣赏自然，以及培养解决环境问题的态度、行为和技能等方面提供帮助，是面向公众进行科普教育的重要平台。

植物园一方面通过引种、保存和展示，突出人和植物密不可分的关系；另一方面，也要满足公众对游览服务的需求，包括游客中心、餐馆、休闲游乐和纪念品销售等区域。植物园为世界植物科学与公众之间的交流提供了一个极好的平台。科学普及工作者通过教育项目让公众了解环境保护和可持续性发展的概念和重要性，提升公众的环境意识。

1.2 植物园开展科学普及的意义

植物园是调查、采集、鉴定、引种、驯化、保存和推广利用植物资源的科研单位，兼具普及以植物学为主的科学知识并供群众游憩的场所，因此，植物园至少具有4个方面的职能：第一，从事引种驯化、遗传育种和资源保育的科学研究职能；第二，从事植物资源推广利用的科学生产职能；第三，科学普及职能；第四，观光游览职能。其中，科学研究和科学生产的职能是植物园区别于一般公园的本质特征，但对于综合性植物园来说，科学普及和观光游览的职能也必不可少（洪德元，2016；许再富，2017）。

科学普及是以提高公民科学素质为目的的文化教育活动，它的根本任务是把人类已经掌握的科学技术知识以及从科学技术实践中升华出来的科学思想、科学方法和科学精神通过各种方式和途径向社会进行普及和传播。公民科学素质在现代化建设和国际竞争中具有重要作用，近年来，中国作为发展中国家，全国公民科学素质水平快速提升，中国科协第十一次公民科学素质调查显示，2020年我国公民具备基本科学素质的比例为10.56%，其中上海、北京的公民科学素质水平超过24%，处于我国公民科学素质发展领先地位。不同分类人群科学素质水平也均有大幅提升，如城镇居民和农村居民具备科学素质的比例分别达到了13.75%和6.45%。但是在公民科学素质水平整体提升的同时，发展不平衡的问题依然存在，需进一步加强对科学素质薄弱群体的教育、传播和普及工作力度（新华社，2021）。

植物园（特别是综合性植物园）既然具有科普教育职能，就和其他科普教育基地一样，有义务将准确的、新颖的、前沿的相关科学信息提供给公众，共同为提高中国公民的科学素质而努力。具体来说，植物园传达的专业科学信息可以大致分为3个层面：1. 对植物本身以及和植物相关的其他生物的介绍；2. 对与植物相关的文化的传播；3. 对植物技术及其他生物学技术的评介。这些科普教育应与园林、园艺教育相互配合，服务于当今社会的生态文明教育，让科普教育的受众能够在游园和参加各项科普活动的过程中有所学、有所思，在接受以植物学为主的科学知识之后，能够理解生物多样性保护的重要意义，正确认识和植物有关的一些科学技术，从而能支持并参与保护生物多样性的各个层级（如物种多样性、生态系统多样性等），及促进社会和谐发展的各种活动中。这就要求植物园能够拥有丰富的植物资源和完备的科普资源，为公众学习知识、欣赏自然、培养解决环境问题的态度、行为和技能等方面提供帮助，真正成为面向公众进行科普教育的重要平台。

然而，现实表明现阶段我国植物园科普工作还存在一些与社会和时代发展不相协调的方面。与发达国家的植物园相比，我国植物园科普工作在深度和广度上都存在着一定差距，科普工作依然滞后，国民对植物科普热情不高。总的来说，植物园在科普的硬件方面（植物资源、科普设施等）的提升较为容易，在软件方面（特色科普文化的积累和科普从业者的素质）的提升则较为困难，亟须引入新思维、新框架（袁梦飞，2019）。

目前国内外有许多植物园把科普教育视为一项重要职能，为科普教育的实施付出了努力，并在科普基础建设和科学普及创新方面做了大量的探索，力求实现"寓教于乐，寓教于观赏"，以多种方式激发人们的好奇心，激励人们对高速发展的科学技术的积极参与，勇敢创新。把植物园科研工作及其新进展及时准确地传递给大众，提高全民族的科学素质，是植物园科学普及工作的重点（胡永红，2017）。

1.3 国外著名植物园的科学普及现状

国外一些知名植物园开展科普教育工作比较早，建成了诸多富有特色的科普展馆，积累了大量的实践经验，如新加坡植物园的儿童园，英国邱园的植物博物馆、千年种子库等，展示了环境和生物演化历程、环境和生物多样性、经济植物利用与保护信息以及儿童科普体验等内容。此外，为了能使不同年龄段的游客得到适合自身的环境教育，国外植物园还面向不同年龄段，设计了诸如环保游戏、野外探险、农作物种植等一系列环境教育活动。下面以 10 个植物园为代表，对国外植物园的科普情况略作介绍和分析。

1. 邱园（Kew Gardens）

英国皇家植物园邱园是世界上著名的植物园之一，建立于 1759 年，主园加卫星园共有 360 公顷，2003 年被认定为世界文化遗产。其中竹园、棕榈温室（图 1-1）、温带植物温室、威尔斯王妃温室、睡莲温室、树顶走廊等都很有特色。

邱园的科普教育课程根据年龄分为低幼、KS1-5 等级别，注重学生的参与性，鼓励提问和探究式学习，其目标是激发成就感、乐趣和对自然的好奇心，让学生理解植物世界的重要性。对于低年龄的学生（低幼-KS2），课程主要侧重以游戏、探索、主动学习和取得成就感的方式来激发兴趣；对年龄较大的学生（KS3-5），则侧重在课堂学习中接触不到的科学性工作，并把邱园正在开展的区域性或全球性植物研究和保护项目融入课程中，不同年龄的课程之间注重连贯性。

以小学低龄的 KS1 阶段的课程为例，主要课程内容有了解食虫植物的"栖息地：小型动物"；融入数字、测量、形状、空间等数学基础概念的"植物中的数学"；了

图 1-1　邱园棕榈温室（来源：何祖霞）

解植物基础分类的"植物猎人"；探究植物种子的"植物小科学家"；理解季节变化对植物影响的"邱园的四季"；通过多感官了解植物特殊特征的"神奇的植物"；学习色彩知识和植物生命循环的"邱园的色彩"；理解植物对环境适应性的"仙人掌和藤本植物""雨林和沙漠植物"等。

小学高龄 KS5 阶段的课程主要侧重培养学生对生物和地理的兴趣，通过科学探究、调查、探索核心话题的方式，并利用邱园正在开展的项目来阐明核心概念，如"生态学"课程，下设有分类学、生物多样性保护、能源和生态系统的循环、进化和适应性、植物生理生态学等多个主题；而"地理学"课程里，则有沙漠植物、生态系统和气候变化、全球化的热带雨林、雨林里的水循环和碳循环等深度课程，此外，这类课程都安排有野外实习。

除了这些针对学生的课程，邱园每年还举办多项大型花展、绘画展、雕塑展、摄影展等，并有相当多面向公众开放的主题讲座和移动科普小屋（图 1-2），例如，邱园利用其温室在每年早春举办的"兰花展"、4 月份的"春季花展"、6 月份的"夏季花展"、9 月份的"秋色叶展"、10 月底的"万圣节南瓜展"以及 12 月下旬的"圣诞花展"等，这一系列花展提升了邱园的景观，也成为邱园的特色之一。邱园还举办溜冰活动、激光晚会、夜间开放展览温室等，吸引游客，提高了植物园的夜间利用率；2003 年以来，邱园每年夏季邀请世界闻名的摇滚歌手举办摇滚晚会，吸引更多年轻人来植物园。

2. 爱丁堡皇家植物园（Royal Botanic Garden Edinburgh）

爱丁堡皇家植物园位于苏格兰，始建于 1670 年，是英国第二历史悠久的植物园。它最初是一个药用植物园，1820年迁至爱丁堡，1889 年建为皇家植物园，逐渐发展成爱丁堡（Edinburgh）、本莫

图 1-2　邱园的移动科普小屋（来源：何祖霞）

（Benmore）、娄根（Logan）和道克（Dawyck）四个园区。植物园内的温室群、岩石园、中国小山丘、石楠园等颇有特色，它是海外搜集中国野生植物最多的植物园。爱丁堡园区目前面积有 28 公顷。除了根据时令举办的花展外，爱丁堡园区的科学节非常有名，在两周的时间里举办大量与植物相关的展览、科学讲座、工作坊和导览等活动。此外，每年还有音乐会、植物电影节以及植物艺术展、摄影展等活动，吸引公众参与。

爱丁堡植物园面向学校的科普课程，主要按照年龄分为学龄前、小学 1-3 年级、小学 4-7 年级、中学生，以及教师培训课程。以小学 1-3 年级的课程为例，在"植物园中的艺术"课程中，先是鼓励学生观察植物叶子和花朵的多样性，利用植物素材开始绘画；然后由老师传授一种艺术形式进行创作；最后学生会用这种艺术形式创造自己的艺术作品。在"户外数学课"中，老师利用自然物品传授测量、几何形状的概念，然后让学生通过观察、测试和计算，利用数学知识和团队合作解决老师在自然中布置的任务，例如测量一棵树的高度。"雨林探索"则让学生理解当前人类所广泛利用的很多物品都来自雨林，然后利用感官体会雨林的生境和苏格兰的不同之处。"树的秘密"则通过学习树木结构，了解树木对人类的重要性，并采用自然物完成一棵树的艺术创作。

面向中学生的课程在内容的广度和深度上进行了扩展，如"生物多样性保护：来自气候变化的挑战"，通过对气候变化的了解，调查植物园温室和室外所搜集的植物，和团队一起探讨植物保护策略；"生态挑战"则把野外工作中需要的技能融入课程中，传授植物样方的设置和检测；"高级生态摄影"由专业的摄影师教授学生如何使用微距镜头拍摄精美的植物照片；此外，还有诸如"苔藓调查""植物的适应性""植物分

类学""化学：来自自然的药物"等课程。植物园非常注重和学校教育相结合，每个课程所学习的技能都对应着英国正式教育体系对学生的要求。

3. 密苏里植物园（Missouri Botanical Garden）

密苏里植物园位于美国密苏里州圣路易斯市，建立于 1859 年，为纪念其创建人亨利·萧（Henry Shaw）。密苏里植物园又被称为萧园（Shaw's Garden），是美国最古老的植物园和国家历史地标，1976 年被评为美国国家历史遗产，包括占地 31 公顷的主园区和一个 970 公顷的树木园。

密苏里植物园有颇具规模的温室（图 1-3），此外，园内的中国园和日本园也非常有名，经常举办与中国、日本相关的特色民俗活动和庆典，吸引众多游客参与，比如每到中国农历的元宵节，就会举办花灯展。此外，每年还有很多的小型展览，涉及季节性花卉展、摄影展、绘画展、植物历史展等内容。

密苏里植物园的科普项目，根据人群的来源分成三类：亲子家庭、成人和学校团体。亲子家庭类的活动，又细分为家庭参加的项目、特别活动、夏季项目、青少年活动、只限孩子的活动和童子军；面向成人的活动则主要是专题性授课、导览、园艺类培训班、志愿者项目以及硕士课程项目。面向学校团体的活动则有各类探究课题、野外远足、教师培训等。

图 1-3　密苏里植物园的温室（来源：王锐）

在家庭参加的项目中，既有 4-6 岁的体验型活动，也有 6-12 岁的科学探究类和艺术创作类活动。其中科学探究类活动和各种公民科学项目紧密结合，包括城市鸟类观察和统计、物候观察和记录、植物花苞观察等。此外，密苏里植物园还把攀爬树木作为重要的科普活动内容，面向 8 岁以上的孩子家庭开放。

为密苏里植物园周边的中小学服务也是植物园重要的工作内容，面对各学校的不同需求，会开设园内课程、带队导览、自助式导览、进校课程等。植物园还开设有"植物实验室学生科学家培养计划"，让学生有机会与植物科学、园艺、保护生物学、教育和可持续领域的专业人士交流，把 STEM（科学、技术、工程和数学四门学科的英文首字母缩写）技能用于解决真实的环境问题，加强批判性思考和创造性解决问题的能力，培养学生的自我认同感，同时给有潜力的学生未来从事相关职业提供帮助。

此外，密苏里植物园非常重视面向公众的园艺类课程，有专门的园艺中心向公众传授植物的养护和栽培技术，并提供咨询服务。

4. 纽约植物园（New York Botanical Garden）

纽约植物园建立于 1891 年，占地面积约 100 公顷，是美国最大的城市植物园，其最初建园目标为"美国的邱园"。它在园林景观、教育和植物科学研究上都享有盛誉，同时也是美国国家历史地标。

纽约植物园兰花展是世界上最著名的花展之一，截至 2020 年已经连续举办了 18届，展出超过 1200 多种世界各地的兰花。此外，还举办各种主题展览，例如，以知名人物为主题，展示他们与植物世界鲜为人知的关系，先后举办过达尔文、弗里达及莫奈的专题展览，以及介绍艺术史上的著名花卉画家欧姬芙在夏威夷生活的"欧姬芙·夏威夷幻境"展。

纽约植物园有几个主要面向学生的科普活动场所，例如，可食用花园，主要进行园艺和种植类的活动；儿童探险园，进行植物和其他生物的自然体验活动；植物保育区和专类园区，主要进行植物科学性的探究和自然漫步类的活动。

纽约植物园把日常接待型的科普活动按照年级划分，有些只向特定年级开放，例如，"果实和种子"和"传粉者"是只面向小学 1-3 年级；"湿地生态系统"则是3-5 年级；"我们吃了植物哪些部分"是幼儿园到 2 年级。有些活动的适应性较广，如"南瓜的生命循环"是从幼儿园到 5 年级；"神奇的植物适应性""生命循环中的花朵""水循环""兰花漫步""植物的形态"等课程适合 2-8 年级。有些则是普适性的，如种植园艺课程、互动型保育区导览、森林漫步等涵盖了从幼儿园到小学 8 年级所有年龄段。这些课程还会根据季节做相应调整。

学生的春假和寒暑假期间，纽约植物园都会根据学生年龄举办专门的为期数天的冬、夏令营活动，例如在暑假期间，面向幼儿园-小学 5 年级学生，组织植物探索营、森林探险营和湿地营等3类活动；面向6-8年级的学生，则有生态营、公民科学营和地球生命探索营。

此外，植物园还会举办大量面向公众的科普讲座，涉及范围广泛，如园艺、植物研究和保护、书籍推广、植物艺术设计、植物学家的故事，等等。纽约植物园面向公众的活动安排会提前一个月在网上公布，具体到每天的内容，包括花展、艺术展、家庭活动、有组织的导览服务、植物养护服务等，方便游客选择。

5. 芝加哥植物园（Chicago Botanic Garden）

芝加哥植物园位于美国的伊利诺伊州，建立于1972年，面积约为155公顷，有27个专类园，其中月季园、水生园、日式花园、本草园等较为著名。除了花展外，芝加哥植物园还会与社会各界合作举办各类活动，从而丰富活动类型，也吸引更多样的人群，如非洲石雕展、国际儿童绘画展、濒危植物展，甚至举办红酒节。每年夏季，植物园还会举办露天音乐会，成为市民喜闻乐见的休闲选择。

芝加哥植物园负责各类科普教育活动的部门名为雷根斯坦学校（Joseph Regenstein, Jr. School），每年举办大约1500场各类课程、工作坊、培训班、活动、花展、纪念活动等，内容包罗万象，从植物的生命周期到绘画和摄影，从蝴蝶课程到盆景制作，从荒野生存到瑜伽，等等，主要分为成人课程、青少年和家庭课程、学校课程和健身课程等四类。

面向成人的课程，包括艺术课、园艺课，以及可以获得资质认证的技能培训（如花艺、摄影）等，强调激发公众隐藏的才能，探索植物、环境和人类的关系。这类课程有些是为了让公众享受一个新的兴趣，有些则是为了职业发展所做的准备。青少年和家庭课程，涵盖的年龄从2到18岁，主要是面向亲子家庭开展的活动，既有动植物科学探究类的，也有园艺类的活动。课程设计把植物和科学、艺术、历史和文化相联系，鼓励家长和孩子一起进行探索。

学校课程则是专门与学校教育结合开展的科普互动。把课堂搬到植物园进行，教师和学生通过探究式学习，强调科学内容、教学技巧和创新创意。通过在植物园开展科学教育，让学校的课程更加丰富，同时教学环境更加优美。植物园提供的课程符合美国K–12教育体系，主要以植物和自然为主题，包括植物的形态、花朵的结构、鸟类、池塘生态系统、昆虫，等等。

除了传统的科普课程外，芝加哥植物园还在园区推广瑜伽、太极以及健身课程，帮助市民保持平衡的生活方式，对抗压力，增强身心健康。

6. 莫顿树木园（Morton Arboreturm）

莫顿树木园是北美地区最为著名的以收集、展示、研究木本植物为主的植物园，占地面积达690公顷，收集木本植物近4000种。莫顿树木园于1922年由乔伊·莫顿建立，距今已有近百年历史，坐落于美国伊利诺伊州的莱尔（Lisle），距离芝加哥市区约40公里。尽管莫顿树木园与主城区距离较远，但以其丰富的植物收集和多样的活动，依然吸引众多游客前往游览。

莫顿树木园最为吸引人的是其建立了世界上第一个以儿童为服务对象的儿童园（图1-4）。儿童园内设立了多种放大的建筑、花草，使得前来游览的游客仿佛置身自己被缩小的童话世界中，极大地激发了游客尤其是儿童的好奇心。儿童园中所设计的活动也颇富特色，儿童可免费领取活动卡片，在园中按照卡片的内容提示进行植物搜索，同时也鼓励儿童自行种植蔬菜等植物并观察其生长，体验采摘的乐趣。整个儿童园的设置充分考虑了儿童的心理和行为特点，对儿童具有强烈的吸引力，以此加强了面向儿童的科普教育能力，并且也带动了前来树木园游览的游客量，成为世界植物园中儿童园建设的标杆。

莫顿树木园还以其丰富多彩的活动而闻名。莫顿树木园尤其重视通过文化交融和艺术唤起人与自然、人与人之间的联系，因此各类艺术展、文化展、特色节庆等在树木园中定期或不定期举办，数量超过20个。例如莫顿树木园自2014年开始举办的"亚洲之旅"文化节，集中展示亚洲地区的艺术和文化，尤其将中国盆景、日本园艺等东方元素在树木园中展现给游客，让游客领略东方文化的魅力。"欧洲护照节"则将欧洲地区的文化、美食和欧洲原生树种带给游客。此外，莫顿树木园每年还邀请著

图1-4 莫顿树木园中的儿童园一角（来源：王锐）

名艺术家以雕塑、公共艺术装置等布置于园内，并赋予相应的展示主题，大大增加了园内的艺术氛围，例如2018年开始的"巨魔狩猎"活动展就以大型木雕为主线引发游客的游园兴趣，并思考人与树木、自然的关系。而"人与自然"雕塑展则邀请南非著名雕塑家丹尼尔·波珀（Daniel Popper）以5个和树木背景交相融合的大型雕塑来突出人与树木之间的深层联系。

7. 墨尔本皇家植物园（Royal Botanic Gardens Melbourne）

墨尔本皇家植物园位于澳大利亚墨尔本市中心以南5公里处，始建于1846年，占地约38公顷，茶花、雨林植物、仙人掌和肉质植物、月季、草本植物、苏铁等园区较为著名。墨尔本皇家植物园把科普工作称作excursion（远足），主要分为幼儿、一级、二级、三级四个阶段。

幼儿阶段的课程以体验型为主，如"节奏和韵律的花园"探索音乐、声音和植物之间的联系，了解被用作乐器的植物；"小小昆虫"让孩子们观察昆虫旅馆里的昆虫种类；"家和藏身之处"体验人和动物是如何利用植物来保护自己的；"神奇的水"理解水的重要性以及植物是如何通过改变来适应环境的。

一级课程主要面向小学生，有科学类的"植物和动物""植物的功能""可持续园艺""花园的功能"等课程；地理类的"食物森林""热带雨林"等课程；STEM课程"向自然学设计"；本地文化课程"联结当地"，理解本土文化；游戏类课程"神奇的花园"等。

二级课程的对象主要是7–10年级中学生，分为本地文化、科学、自然游戏、可持续发展、健康等类别。这个阶段的"向自然学设计"课程，目标是如何通过STEM和仿生学将自然用于设计灵感和解决问题。学生将通过观察、实验了解生物策略和自然运行模式，并把受到自然启发的STEM理念付诸实践。"应对气候变化"课程，则让学生理解碳循环和气候变化对生物多样性的影响，特别学习真菌在维持生态系统平衡和土壤固碳中的作用，并考虑如何从身边的事情做起减少碳排放。

三级课程的对象主要是成人和大学生。在自然游戏类别中，有"学习型景观设计"的课程，面向的是景观设计、教育和早期儿童研究领域的学生。课程的目的是探索如何创造一个户外游戏和学习空间，激发创造性的自然游戏。学生将与专家会面，了解墨尔本皇家植物园内儿童植物园建设过程中的规划、植物选择和景观创造，学习考虑儿童在规划、设计户外游戏和学习空间中可以发挥的作用，以及如何与维多利亚州的校内学习标准相结合。此外，还有户外活动的风险评估、如何建立社区伙伴关系和发展可持续性实践等。这一类别还有"自然游戏和孩子"课程。而科学类别里，有参观标本馆的"科学的背后"、指导如何种植的"可持续花园"；健康类别里则有"自然中的健康和福利"。

此外，墨尔本皇家植物园还为教师提供在学校开展植物学、生态学方面课程的资料，和当地学校建立合作关系，并开展职业相关培训。

8. 新加坡植物园（Singapore Botanic Gardens）

新加坡植物园的前身是一个搜集热带水果、蔬菜和香料的"植物学实验园"，于1859年正式建立植物园，占地74公顷。2015年被联合国教科文组织列为世界文化遗产。新加坡植物园的热带兰花展具有世界水准，还会经常性地举办各类与动植物相关的规模不等的艺术展览，内容丰富多元，如榴莲展，展示世界上各个品种的榴莲；植物艺术展，用最新的技术展示植物叶片和花朵之美；还有观鸟艺术展等。园区内有三个不同的展览场所，包括绿色画廊、民族植物学中心和植物与园艺图书馆。

植物园常年定期举办数量众多的科普教育活动。按照科普教育对象的年龄和类型，细分为成人散客、儿童和家庭散客、学校组织的儿童团体、有组织的成人团体、教育者团体等五种，每一种类型的人群都可以提前预订专门的活动，但不同类群的活动主题有重合。

学校组织的儿童团体是新加坡植物园的重要科普对象，根据年龄又划分为"幼儿园和小学低年级""小学高年级及以上"两个群体。活动的类型又分成导览、讲座和工作坊三种。

以幼儿园和小学低年级这个年龄段来说，导览活动包含"当一天的民族植物学家"，这个活动主要是了解人类是如何利用植物的，以及相关的植物文化，还涉及人类该如何保存传统的民族植物等知识。"观花之旅"，则主要是让孩子认识花朵的颜色、花朵的结构以及不同的功能。"植物讲故事"，是一个系列活动，故事主题每个月都会有变化，比如说树木的知识、花朵的结构等。"快乐种植"，则让孩子有机会参与种植常见的蔬菜，如葱、大蒜、香茅草等，在种植的同时了解常见植物的知识，鼓励孩子多吃蔬菜。"菜市场花园探秘"，则是了解香蕉、花生、大豆、甘蔗、红薯等常见水果和蔬菜。"探寻恐龙之旅"，可以了解和恐龙同时代的蕨类植物。此外，还有通过植物了解数字和形状的活动。并且，除了植物外，植物园内的其他生物，如鸟类、青蛙、松鼠、蝴蝶、蜻蜓、蚂蚁、蚯蚓等都是教育的话题。

针对小学高年级及以上人群，导览的侧重点则相应地有所改变。包括"传粉者的秘密"，专门介绍鸟类、蜜蜂、蝴蝶作为传粉者的作用，以及其与人类的关系。"民族植物学漫步"，是关于人类如何利用植物，包括将植物用作食物、医药或者手工艺品等。"森林漫步"，则是向学生重点介绍森林生态系统的知识。"彩叶花园之旅"，让孩子们把关注点放到植物的枝叶上。教育活动会涉及很多保护相关的内容，如"保护新加坡本地的兰花"，会介绍兰花的濒危状态及其原因，以及如何保育本地兰花。"了解碳足迹"，号召学生选择更加环保的生活方式。"雨林探险"，是让学生了解热带雨林生态系统及其面临的危机，讨论如何更好地保护雨林。"池塘探秘"，让学生了解包括水生植物、水生动物在内的池塘生态系统和食物链。

专门针对教师的教育项目，主要有"了解作为联合国世界文化遗产地的新加坡植物园""儿童园的重点植物""国家兰花园"等三个主题。工作坊的内容则包括基础园艺、药用植物和香料、如何养兰花等话题，参与人数一般在 15-20 人。此外，也会邀请植物园的植物研究学者为老师们开设专题讲座。针对成人散客的活动主要是每个月一次的工作坊，包括制作生态缸、如何养兰花等。

图 1-5　新加坡植物园中的儿童园（来源：王锐）

新加坡植物园的教育活动和园区建设紧密联系，很多活动都是在儿童园（建立于 2007 年 10 月 1 日，是亚洲首个为孩子打造的儿童园）（图 1-5）、国家兰花园、民族植物园等地展开。

9. 柏林达勒姆植物园（Berlin-Dahlem Botanic Garden）

位于德国柏林的达勒姆植物园是欧洲最古老、最负盛名的植物园之一，其前身可追溯到 1573 年由柏林城宫的首席园丁德西德里乌斯·柯比安纳斯（Desiderius Corbianus）建立的厨房花园，以及 1679 年建立的克莱斯特公园（Kleistpark），其最初建立的目的是为皇家提供厨房用植物、酿酒植物及香料植物的收集和生产服务。1801 年，植物学家卡尔·路德维希·威尔登诺（Carl Ludwig Willdenow）担任园长并开始修复花园。1809 年，这一花园被划分给柏林弗雷德里克威廉大学（Berlin Frederick William University）。在此期间，这一皇家花园逐渐发展为具有现代意义的植物园。1819-1838 年间，德国著名探险家、植物学家和诗人阿德尔伯特·沙米索（Adalbert Chamisso）担任植物园园长和植物标本馆长。1897 年，植物园迁址到达勒姆，并由建筑师阿道夫·恩格勒（Adolf Engler）规划建造，从而成为目前的样貌。

位于柏林市内的达勒姆植物园占地面积仅有 43 公顷，但以其精美的园林规划、丰富的植物收集以及重要的植物标本馆，而成为欧洲乃至世界知名的植物园。达勒姆植物园目前收集植物超过 20000 种（含品种），标本馆馆藏标本超过 350 万件。建筑是达勒姆植物园的亮点，其最有名的大热带温室（Grosses Tropenhaus）是世界上最重要的温室之一。仙人掌馆和维多利亚馆则收集展示了众多来自美洲的仙人掌科植物和多种兰花、王莲和食虫植物。

达勒姆植物园的主要定位是城市植物园，因此植物园主要以休闲、艺术为其布置特色。园内尤其是意大利花园布置了诸多雕塑、静物等艺术作品，而园内的诸多罗马式凉亭建筑则成为市民休憩、阅读等的良好场所。

10. 克斯腾伯思国家植物园（Kirstenbosch National Botanical Garden）

克斯腾伯思国家植物园位于南非开普敦南部，距离市区约8公里。克斯腾伯思国家植物园始建于1913年，著名植物学家哈罗德·皮尔森（Harold Pearson）为其第一任园长。经过百年的建设，使得克斯腾伯思国家植物园成为世界著名植物园，同时也是南半球首屈一指的植物园，2004年克斯腾伯思国家植物园被联合国教科文组织列为世界自然遗产，是第一个被列入世界物质文化遗产名单的植物园。

克斯腾伯思国家植物园占地528公顷，其中36公顷为种植展示区，其他区域则为保护区。克斯腾伯思国家植物园以其壮美的山景及丰富的非洲南部本土植物收集展示而闻名于世，目前收集近1万种植物，其中95%为非洲南部本土植物，而其中近一半又是开普敦半岛所特有的。丰富的植物类群也吸引了众多本土动物栖息其中，相当完好地保存了当地的物种多样性，成为研究非洲南部生物的重要场所。

克斯腾伯思国家植物园也是南非进行文化艺术展示的重要场所。园中散布着多个结合周边场景或纪念历史人物的雕塑，例如在苏铁园中就展示有逼真的恐龙和翼龙雕塑，以反映正面临灭绝威胁的南非本土苏铁类群。雕塑花园中则不定期进行具有非洲本土风情的非洲石刻展。此外，从1991年开始举办的夏季日落音乐会（Summer Sunset Concerts）也是克斯腾伯思国家植物园的一大特色。每年南半球入夏（一般为11月）后，园内都会在草坪剧场举行多场风格多样的露天音乐会，每周邀请不同的乐队前来为游客进行精彩的音乐表演，整个音乐会持续时间长达4个多月，是世界著名的植物园草地音乐会之一。

1.4 国内著名植物园的科学普及现状

我国植物园的发展历史较短，最早在1871年，英国人在我国香港建立了香港动植物公园。第一个由中国人建设的现代意义的植物园是创建于1929年的南京中山植物园。随着国民经济建设的发展，我国逐渐迎来了植物园发展的高峰，并于2013年由中国科学院、国家林业局、住房和城乡建设部共同发起成立了中国植物园联盟。我国已有191个植物园，植物的迁地保护、科学研究与发掘利用、公众开放与科学普及

图1-6　中国科学院西双版纳热带植物园景观（来源：何祖霞）

成为植物园的核心工作内容。下面以 9 家植物园为例，简要介绍国内植物园的科学普及概况。

1. 中国科学院西双版纳热带植物园

中国科学院西双版纳热带植物园位于云南省勐腊县勐仑镇，是国内面积最大的植物园（图1-6），每年接待游客约80万人，目前负责科普工作的部门为"环境教育中心"。科普团队由约 20 人的专职科普队伍、50 人的科普讲解员和近百名科研工作者组成。

西双版纳植物园每年寒暑假举办 3-5 天的冬夏令营非常有特色，年龄涵盖从幼儿园到高中各个阶段，营员来自全国各地。此外，还在版纳本地开展校园小花园建设、本土物种回归等社区项目。每年定期举办"艺术邂逅科学——热带雨林中国画写生作品展""青年科学节""观鸟节""自然观察俱乐部""成长中的望天树""我是小小解说员"等特色科普品牌活动。自 2013 年起，依托中国植物园联盟每年举办为期 15 天的

"环境教育研究与实践高级培训班"，为全国各地植物园及相关机构培养科普研究人才。自 2016 年起，在中国科学院科学传播局的支持下，每年都召开"罗梭江科学教育论坛"，成为国内探讨科学普及理论和实践的重要平台。版纳植物园近年来在科普研究方面取得了很大的进展，在《生物保护》（*Biological Conservation*）、《环境教育研究》（ *Environmental Education Research* ）、《气候变化》（*Climatic Change*）、《科学教育研究》（ *Research in Science Education* ）等国际专业刊物上发表了多篇科普研究论文。

2011 年，版纳植物园获得国家 5A 级旅游景区、全国文明单位等称号。2013 年获得"国家环保科普基地"和"优秀全国科普教育基地"称号。2014 年获得"中国科学院科普工作先进集体"，同时被评选为云南省"我最喜爱的科普教育基地"。2016 年被评选为首批"国家科研科普基地"。

2. 中国科学院武汉植物园

中国科学院武汉植物园于 1958 年正式成立，占地面积 2600 余亩，包含磨山、光谷、江夏三个国内园区、中非联合研究中心—肯尼亚园区以及多个野外观测台站，园区有针对性地收集保育重要生物经济资源，开展种质创新与植物功能性化合物研发，建设特色农业植物新品种、新成果展示示范基地，保育和展示植物 12000 余种。植物园以研究水生植物为主要特色，常年展览展示各种水生植物和水生生境。植物园建有国内不多见的、栽培有远赴国外搜罗的约 1000 种形态各异的热带花卉和仙人掌类植物的景观温室，以及融合东西方庭园理念的怡思源等。

武汉植物园将公众分为儿童、青少年、家庭园艺爱好者、普通公众等 4 类人群，根据各个年龄段的发展特性和需求，策划实施不同的科普活动，构建了以室内课程、园区探究、野外拓展以及研学旅行相结合的综合性科学教育体系（图 1-7）。

针对 6-10 岁儿童开展了自然课程品牌科教活动，引导儿童学会观察自然，用心灵感悟自然，建立科学思维和创新思维模式，培养团队合作和独立生存能力，培养环境友好行为；针对中学生开展求真科学营，引导中学生走进实验室，面对面接受科研人员的指导，独立完成科学课题。武汉植物园还负责了由中国科协、教育部举办，中国科学院支持的全国"植物科学"专题营——青少年科技创新夏令营。武汉植物园先后被评为全国优秀科普教育基地、全国中小学环

图 1-7 武汉植物园面向儿童的科普活动（来源：武汉植物园）

境教育社会实践基地、自然学校以及国家科研科普基地。

3. 中国科学院华南植物园

中国科学院华南植物园一直重视知识传播和科普开放，不断开拓创新，探索科普教育新模式。早在 1959 年中华人民共和国成立十周年国庆节首次开放时，开展了引种收集植物和与恐龙同时代活化石植物展览；1980 年第二次开放时，注重园林景观建设和裸地复绿等园林园艺管理，提升游客体验，在我国植物园景观建设中发挥了引领作用。

历经了传统科普阶段（1980–1995 年）和稳定发展阶段（1996–2001 年），进入 21 世纪后的华南植物园持续致力于科普能力建设，1997 年与广东省科学技术协会共建全国第一个科普教育基地——"广东省植物学科学普及基地"，开创了全国科普教育基地先河；2002 年在中国科学院的支持下，开辟了第一条自然教育径——蒲岗自然教育径；2005 年启动建立华南地区第一个青少年科学互动实验室，2008–2009 年完成了科学互动实验项目建设。2016 年构建科普教育课程体系；2017 年 9 月起正式实施植物压花艺术系列、植物学系列、自然课堂系列、博物学系列、自然观察系列和自然笔记系列科普教育课程。2017 年成为"全国中小学生研学实践教育基地"，2018 年被中国科学院和科学技术部评为"国家科研科普基地"。

华南植物园不断加强科普能力建设，提升知识传播水平，近年来出版了《科普活动的策划与组织实施》《科学植物园建设的理论与实践》《丹青襄荷》《新花镜——琪林瑶华》《中国——园林之母》《中国姜科植物资源》等科普图书。设立志愿服务项目，成立了一支上百人的志愿者队伍，组织志愿者开展科普旅游及园林园艺志愿服务工作。

华南植物园持续开展丰富多彩的科普活动和植物园特色科普教育课程，2009–2019 年举办了山茶花展、木兰花展、禾雀花展、杜鹃花展、姜目植物展、景天植物展、箣杜鹃展、有毒植物展、帝王花展（图 1–8）等专类植物自然导赏及专题花展 150 场次；开展各类科普活动 1139 次、教育课程 339 场，入园游客 1122 万人次，其中青少年 170 万，科普旅游呈现出不断发展的势头，成为广东省、广州市最受欢迎的旅游景区之一。

4. 中国科学院昆明植物园

昆明植物园隶属于中国科学院昆明植物研究所，始建于 1938 年，园区开放面积 44 公顷，分为东园和西园，已建成 16 个专类园（区），收集保育来自全球，特别是我国西南地区的重要植物资源 7500 余种和品种。每年游客达 80 万人次。

昆明植物园现有科普专职团队 8 人（含讲解员 5 人），致力于将丰硕的科学研究成果和高端科研资源科普化。策划开展的"山茶展""葱属植物专题展"（图 1–9）、

图 1-8　华南植物园帝王花展（来源：华南植物园）

图 1-9　昆明植物园葱属植物专题展（来源：昆明植物园）

"植物家园开放日""枫叶节"等大型品牌科普活动形式不断推陈创新；针对青少年和儿童策划的具有科学性、互动性、体验性和探索性的植物学研学课程，如"自然观察员——小蚂蚁和大百部的友谊""极小种群野生植物——金线莲组织培养""自然观察员——追枫者"等，注重探究性学习的策划和融合；通过科普讲座类、解说讲解类、展览展示类等活动，寻找突破和创新，提升科学普及和教育的影响力。

昆明植物园自有宣传平台包括官方网站、微信、百度熊掌号和微博，每年发表原创新闻和科普推文 200 余篇，编辑制作科普视频、宣传折页、主题记事本等宣传资料，并设计推出多款文创产品。通过这些多场域、多元化、多样化宣传和活动组织实施，促进了公众对科学的理解，提升了科学素养，并培养了热爱自然的意识。

昆明植物园荣获首批"云南省科普教育基地"称号，并先后被命名为"全国科普教育基地""全国青少年走进科学世界科技活动示范基地""全国青少年科技教育基地"等国家级、省级和市级荣誉基地称号。2019 年再添"中国科普研学联盟十佳品牌""中国科普研学联盟优秀品牌"和"昆明市极小种群野生植物综合保护精品科普基地"三项荣誉。同年启动"熊蜂联盟"志愿者团队建设，与社会联动发挥"奉献、友爱、互助、进步"的志愿精神。

5. 北京植物园

北京植物园是位于北京西山脚下的"植物诺亚方舟"，分为南园和北园。

北京植物园（北园）隶属于北京市，1956 年由国务院批准建立。园中建有桃花园、海棠园、牡丹园、月季园等 16 个专类园及 20 世纪 90 年代十大建筑之一的热带植物展览温室，共计收集展示植物 10000 余种（含品种）。科普馆内设有植物博物馆，通过近千件展品，展示食用植物、饮料植物、木材植物、药用植物、香料植物和植物给人的启示等不同主题，以返璞归真的方式帮助人们更好地理解植物与人类的密切关系。结合理论与实践，通过科学课堂、户外探索、科普进校园、社区共建等多种形式为不同年龄段公众开展自然教育活动。每年开展"桃花节""市花展""专题植物展"等主题花展，针对成年人打造"专家带您识花草"公益讲解活动（图 1-10），引入植物学、生态学、动物学等理论知识；针对青少年及亲子家庭以"课堂+手工制作+户外探索"的活动形式打造"自然享乐""夜探植物园""植物手工坊"等系列课程。植物园科学普及工作以植物为主线，串联鸟类、昆虫、两栖、哺乳动物，编织一张生态网，帮助公众在"多识于鸟兽草木之名"基础上，了解自然科学，保护生态环境。

北京植物园（南园）隶属于中国科学院植物研究所，于 1956 年在俞德浚院士等老一辈植物学家的倡导下，经中央人民政府批准选址建成。植物园现有土地面积 74 公顷，其中展览区 20.7 公顷、展览温室 2430 平方米，收集保存植物 7000 余种（含品种），建有 15 个专类园区和 1 个热带亚热带植物展览温室。利用园区丰富的植物资

图 1-10　北京植物园开展的"专家带您识花草"活动（来源：北京植物园）

源及植物研究所的科研与人才优势，设计了观摩体验、科技讲座、科学考察、科学实验 4 个类型 20 余个校外教育实践课程，主要包括："照亮细胞的绿色荧光蛋白"科学探究实验、锡林郭勒草原科考营、"穿过时空隧道看北京——1 亿多年来北京的植被和环境变化"科技讲座、"花色探秘"显微观察实验、植物科学画、植物标本采集与制作、植物园"探宝"、精灵贺卡制作等课程，使植物研究所成为北京市中小学重要的校外教育和人才培养基地。北京植物园南园还利用自身种质资源优势长期举办牡丹科技文化展、千年古莲展、活体罂粟禁毒展等特色展览，以及"凌寒留香 迎霜傲雪"迎新春蜡梅主题展、"兰韵德风、情系中华"朱德与兰花展等专题展览，均取得了良好的科普效果与社会反响。年均接待校外科学教育和参观旅游 20 余万人次，先后被授予"国家科研科普基地""北京市科普教育基地""全国青少年科技教育基地""北京市中小学生社会大课堂资源单位"等称号。

6. 南京中山植物园

南京中山植物园，坐落于南京东部国家级风景名胜区钟山风景区内（图 1-11），为我国第一座国立（规范化建设的）植物园，现与江苏省中国科学院植物研究所实行园所一体的管理体制，占地 186 公顷，分为南北两园。为我国最早建立专门科普机构

图 1-11　南京中山植物园景观（来源：南京中山植物园）

的植物园之一，1999 年成为首批"全国科普教育基地"。园艺科普中心负责科普工作，拥有 7 名专职科普人员及 30 余名讲解志愿者，每年总计接待游客约 40 万人次。

1994 年以来，相继与国际植物园保护联盟（BGCI）等国际组织开展植物园教育领域的合作，成果显著。1994-1998 年，与 BGCI 合作出版了 4 期植物园教育通讯《根》的中文版；1996 年与 BGCI 共同举办了中国首届国际植物园科普教育培训班；1998 年编译出版了《植物园与环境教育》（并于 2005 年进行了修订），同年与 BGCI 和英国驻沪总领事馆合作举办了主题为"我们的地球，我们的家"大型环保展览。1999 年，与英国总领事馆和英国生态研究所在园中合作建设的"自然小径"对外开放。

每年 3 月中下旬到 4 月底之间，中山植物园举办以郁金香为主题花卉的欧洲花卉展，繁花似海，引人入胜，已成为最负盛名的石城花展之一。此外，野菜展和生肖植物展等也十分引人关注。自 2010 年暑期开始举办的"植物王国之旅·科技夏令营"是南京中山植物园的品牌活动，精心设置了科学性、操作性和趣味性皆强且丰富多彩的活动项目，已连续举办 10 年，吸引了千余名小学生参与，深受各方好评。"寻找植物宝贝"活动，以引导孩子们自己寻找、发现、观察那些隐藏在植物园里的特殊植物为目的，寓教于乐又独具植物园特色，亦备受青睐。此外，近年来还开展或参与了

"科普讲堂""科普进校园""花海星空""南京科普一日游""中科院研学"等活动。

2016-2019年，连续4年都有特色活动荣获"江苏省科普场馆协会年度十佳科普品牌活动"称号。2018年荣获"江苏省优秀科普基地"称号，荣获2018年度江苏省科技服务业"百优"机构称号。2019年荣获江苏省科普场馆绩效考评专业科普馆唯一的优秀等次。

7. 中国科学院吐鲁番沙漠植物园

吐鲁番沙漠植物园隶属于中国科学院新疆生态与地理研究所，始建于1972年。植物园占地150公顷，位于吐鲁番市东南10公里处，园址坐落在盆地腹心经过治理的流沙地上。这里是世界第二低地，俗有"风库""火洲"之称，因"低、干、热"的特点而闻名于世。目前，吐鲁番沙漠植物园已成为中亚荒漠植物资源（物种、基因）储备库、我国荒漠植物多样性迁地保护与可持续利用研究基地和国家科普教育基地。保存荒漠植物800余种，基本涵盖了中亚荒漠植物区系主要成分类群，隶属87科385属。其中荒漠珍稀特有植物43种，特有种21种，残遗种4种。

吐鲁番沙漠植物园利用独特的荒漠景观、丰富的荒漠植物资源及研究所的科研与人才优势，设计了观摩体验、科技讲座、科学考察、科学实验4个类型10余个校外教育实践课程，主要包括："草方格固沙与生物固沙"科学探究实验、"日赏百花香·夜游星满天"科考营、"神奇的荒漠植物""沙漠化的前世今生——新技术在沙漠化防治中的应用"科技讲座、"用科学的视角了解荒漠里的生命"主题研学日、植物科学画、植物标本采集与制作、植物园"探宝"等课程。通过这些实践课程让学生了解生命的顽强、增强环境保护意识，全面提升学生身心素质，使沙漠植物园成为西北干旱区重要的校外教育和人才培养基地。此外，园方还根据地处多民族地区及园内大面

图1-12 仙湖植物园景观（来源：仙湖植物园）

积自然风蚀雅丹地貌等特点，长期举办"维吾尔族与植物"文化展、"千年话桑文化"等特色展览，以及"沙拐枣节""金秋葡萄节"等专题展览，均取得了良好的科普效果与社会反响。

吐鲁番沙漠植物园年均接待校外科学教育和参观旅游 5 万余人次，先后被授予"国家级青少年科普教育基地""自治区青少年科技教育基地""全国野生植物保护科普教育基地""生物多样性保护示范基地"等称号，是荒漠植物科学研究和科普教育的理想场所。

8. 深圳市中国科学院仙湖植物园

深圳市中国科学院仙湖植物园始建于 1983 年，是一座集物种保育、科学研究、科普教育、旅游休闲为一体的多功能植物园（图 1-12），年均游客超过 400 万人次。

仙湖植物园拥有逾 20 个专类园，保育活植物约 12000 种，是中国最主要的植物保育基地之一，依托丰富的植物种类和坚实的科研基础，仙湖植物园打造出众多有影响力的公众教育品牌，其中"第 19 届国际植物学大会植物艺术画展"为国际植物学大会历史上首次大型植物艺术画展，仙湖植物园作为该活动承办单位，荣获 2018 年"第七届梁希科普奖"，也是此次评选中广东省唯一入选单位。

此外，仙湖植物园不断深挖科普工作潜力，通过线上和线下、传统媒体和新媒体多维度结合，创新科普教育传播方式，打造浓厚、高效的科普氛围。植物园完善的科普解说系统和植物专类区、科普场馆是公众的知识宝库；体例新颖、介绍精要的植物学专著《芳华修远》《嘉卉》等成为植物学爱好者的经典资料；生动、活泼的专题片《仙湖植物密码》在央视播出后，获得"仙湖年度中国古生物科普十大进展奖"；与腾讯公司合作开发的"识花君"APP，以科技手段，让公众快捷获得植物科学知识；科普教育的重要载体"深圳市仙湖植物园"官方微信知识传递迅捷、生动，粉丝量超过 77 万。

2019 年，首届综合性国际花展"粤港澳大湾区·深圳花展"在仙湖植物园举办，该展览是迄今为止在深圳本地举办的规模最大、国际性最强的一次花展，反响热烈，10 天展期吸引公众逾 71.6 万人次。花展展出国内外新优花卉 1100 多个品种，期间的学术论坛、交流活动及 100 多场文艺表演和自然教育活动为促进科普行业交流、提升公众植物学知识水平创造了崭新机遇。

9. 陕西省西安植物园

陕西省西安植物园花展历史悠久，早在 1993 年西安植物园就开始举办第一届郁金香花展，享誉国内外，并且持续至今，一直以来都是西安植物园的传统花展项目。近些年，随着公众要求的提升，西安植物园在花展工作中不断推陈出新，相继举办了除春季郁金香花展之外的夏季水生花展、秋季菊花展及冬季梅花展等系列主题花展，丰富花展活动，加强花展的体验性与参与性。并与外部机构广泛合作，举办如玉兰节活动、汉服社祭花神活动、摄影展活动、斗菊大赛等，受到了社会各界及广大市民的广泛认可和好评。自 1984 年对外开放以来，累计接待中外人员近千万人次。

科普工作也是植物园的一项重要的工作，陕西省西安植物园是全国著名科普教育基地，也是陕西省许多大专院校的教学、科研实习基地，中小学学生课外实践活动园地，2019 年被生态环境部宣传教育中心授予"全国第四批自然学校试点单位"。西安植物园在科普工作方面也是不遗余力，科普工作一直贯穿植物园建设始终，从最初的发表科普文章向公众开展科普教育，到建立专门的科普部门，再到针对不同受众需求订制科普内容，西安植物园的科普工作与时俱进，推出了一系列具有品牌效应的科普教育内容。为科学知识的普及和传播、提高公众科学文化素质做出了重要贡献。

1.5 从国内外经验看植物园科学普及思路

全球的植物园都开展了丰富多彩的科普工作，可以看出，植物园开展的科普活动往往会根据所处的地理位置、搜集的植物种类、所在地的文化特征等因地制宜地进行设计和实施。从中，我们也可以得出植物园开展科普工作的一些基本思路。

（1）植物园的科普工作需要因地制宜地开展。

欧美国家很多城市植物园中都有专门针对低龄孩子的儿童园，如纽约植物园、新加坡植物园、莫顿树木园等，就是因为儿童及其家长在城市植物园游客中占据了较大的比例。中国科学院西双版纳热带植物园有着丰富的鸟类资源，通过举办观鸟节，吸引了国内外大量的观鸟爱好者参与，在世界植物园中都独树一帜。此外，中国科学院西双版纳热带植物园和吐鲁番沙漠植物园都地处中国的少数民族聚居区，相应开展了很多与少数民族和植物相关的科普活动，极具特色。

（2）植物园的科普工作应该充分利用所搜集展示的植物。

由于所处地理位置、场域、气候、研究重点等方面的原因，每个植物园都会有自己的特色植物类群，针对这些特色植物来设计和开展活动，将会提升植物园的独特性。例如，地处热带地区的新加坡植物园以兰花为主题开展活动；邱园利用温室，搜集了大量的热带植物并在此基础上举办展览；吐鲁番沙漠植物园有独特的荒漠景观，非常有利于组织有关荒漠植物和荒漠生态系统的科普活动。此外，昆明植物园的葱属植物、武汉植物园的菊花和猕猴桃、北京植物园的牡丹、中国科学院西双版纳热带植物园的热带植物等都是非常好的科普资源。

（3）植物园的科普工作应该考虑不同的受众需求。

由于植物园的普适性，对公众有着广泛的吸引力，也造成了植物园游客的多样性，这就需要植物园的科普教育活动应该面向不同的受众有针对性地开展。例如，欧美国家的植物园面向青少年的活动，往往会根据年龄进行分级设计，从低龄儿童的体验型活动，逐步升级到高年级的科学探究型活动，确保了不同年龄的学生都有符合他们认知层面的活动相配套。除了按照年龄划分外，不少植物园里有盲人植物园，是专门为有视力障碍的人士设计的。很多欧美国家的植物园会在园区内开设可食用蔬菜种植区，一方面是为了增强城市儿童的自然体验，另一方面，也为城市贫困家庭提供了免费的蔬菜。有的活动适合亲子家庭参与，有的适合学校班级或者年级订制，有的则适合作为企业的团建活动，正是多样的人群构成了植物园的生机和活力。

（4）植物园的科普工作应该尽可能与其他业态结合。

为了吸引更为广泛的人群，科普工作可以与各种业态结合。例如，邱园为了吸引更多的年轻人，每年在园区举办摇滚音乐会。爱丁堡皇家植物园举办的科学节和植物电影节，则为公众提供了了解植物科学的场所。国内外的众多植物园都通过开展画展、雕塑展等形式，吸引了不少对艺术感兴趣的公众，其中国内的深圳中科院仙湖植物园的植物科学画展、中科院西双版纳热带植物园的"艺术邂逅科学——热带雨林中国画写生作品展"和西安植物园的"植物科学漫画"都颇具知名度。

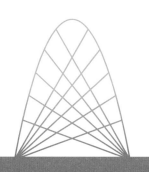

第 2 章
上海辰山植物园的
科普设施建设

科普设施建设是植物园开展科学普及工作的前提和基础。一般来说，可以按照功能把科普设施分成两类：一类是为了其他用途而建设，但同时又具备一定的科普功能的设施；另一类是专门为科普目的而建造的设施。

由于植物园具有科学研究、物种保存和游览休憩的功能，因此会根据需要建设相关设施，如以科研为目的的实验室、实验样地等；以物种保存为目的的标本馆、种子库、苗圃等；以物种展示和景观营造为目的的温室和专类园区等。这些设施本身并不是为了开展科普工作而建设的，但同时又具备了一定的科普功能。如让学生在实验室里进行植物实验了解植物学科进展、参观标本馆学习植物标本的制作和储存方法等。温室和专类园区更是开展动植物观察、自然体验等活动的良好场所。在本书中，我们将此类设施称为"基础场馆"。

专门为科普目的而建设的设施，则包括可以开展科普讲座和动手体验活动的科普教室、观赏科普影片的影院、以热带植物为主题的热带植物体验馆、专门为了科普活动而建设的儿童园、让公众了解更多植物知识的各类科普标识牌等。我们将其称为"科普场馆"和"科普解说系统"。

2.1 基础场馆

　　植物园是集植物种质保护、科研、科普、游览为一体的综合性园区。丰富的植物资源结合合理、有效的展示，是植物园区别于其他园林场所的重要特征。这也构成了基于植物园科普教育的重要科普设施基础。

　　植物园的基本组成是专类园，即依照一定的分类标准，将具有某些共性的植物种植在一定范围的区域内，从而形成具有特定植物构成和观赏研究价值的区域。专类园的划分标准可以依据植物的分类类群，如月季园、木兰园、竹园等；可依据植物生长生境划分，如岩石园、水生园等；也可根据景观划分为矿坑花园（图 2-1）、植物造型园等；或根据功能划分为蔬菜园、药用植物园等；还可按照服务人群划分，如儿童园、盲人园等。

　　除了专类园外，一些植物园还建设有温室。温室自身的温室效应能够有效维持室内温度，以满足不同植物的生长需求，从而让植物园收集养护的植物跨越纬度和温度

图 2-1　辰山植物园矿坑花园（来源：华家顺）

的限制，特别是位于温带、亚寒带地区的植物园可以展示抗寒性较弱的热带、亚热带植物，从而增加园内植物收集种类多样性，丰富景观效果，让游客不用远途跋涉即可欣赏异域植物风情。因此，展览温室同样是重要的科普教育场馆。

标本馆也是一个成熟植物园的基本配置。标本馆是植物园进行种质收集和研究的重要场所，其所收集的植物标本和活材料的数量是衡量一个植物园的重要性和科研水平的重要指标。同时，标本馆收藏的标本以及标本采集、制作的过程，同样具有很强的科普教育意义。

在一些规模较大的植物园内还设有科研中心。相对标本馆而言，科研中心提供的仪器平台和人员平台能够支持进行更为广泛和深入的科研活动，研究领域可涉及生态、环境、细胞、分子等诸多方面。较高的学历层次也是科研中心的人员特点。同时，科研中心也可作为普通游客近距离感受科研环境、了解科研工作的窗口。凭借综合设备设施和人员，科研中心也可作为高水平、精品化科普教育的场所。

辰山植物园目前设有矿坑花园、岩石园、水生植物园、观赏草园、药用植物园、芍药园、樱花园、儿童植物园等二十多个专类园，依据园区地形散布在园内各处，依照植物类群、景观特色等进行划分。辰山植物园依照其各专类园功能和特色设计了相应的科普展示和科普活动。这里重点介绍蔬菜园、展览温室、标本馆、科研楼等不同场馆在科普教育中发挥的作用。

2.1.1 专类园

辰山植物园整体由中心展示区、植物保育区、绿环区和外围缓冲区等四大功能区构成，体现了中国传统的造园特色，反映了人与自然的和谐关系以及江南水乡的景观特征。中心展示区布置了樱花园、矿坑花园、月季园、水生植物园、蕨类园、木兰园、城市菜园等 20 多个植物专类园，构成了开展科普教育的户外空间。以下重点介绍樱花园、月季园和蔬菜区。

樱花园面积约 33000 平方米，位于 1 号门内广场东侧，与海棠园东西呼应，收集世界范围内的樱属植物近 80 种及品种。植物收集主要以樱花类和观赏樱桃类为展示品种，包括原生种樱花以及樱花品种，主要来源地有中国和日本。开园至今除了加大樱属植物的引种收集，还对原有樱花园的立地条件、景观布局进行了不断的完善，先后营造了河津樱大道、染井吉野樱大道、蔷薇科樱属和李属植物收集区、内广场樱花花环等，使樱花园的景观特色更为鲜明，逐步成为上海市民喜爱的赏樱胜地。

月季园是一座较为独立的小岛，总面积约 6000 平方米。建成至今已收集树状月季、杂种香水月季、丰花月季、壮花月季、藤本月季、微型月季等各类资源 500 余个品种，并从月季的色、姿、味、韵等方面，通过孤植、丛植、片植等配置形式，展现了月季的视觉美感和文化内涵，是辰山植物园最重要的专类植物展示园之一，也是华东地区收集月季资源最丰富的专类园。月季品种的选择除了根据景观需求和观赏特征外，还需考虑当地的气候条件及周围环境，选择抗病虫害强的月季种类和品种。月季与宿根花卉搭配的选材上，多选用表现自然或花序呈竖线条的花材，色彩上较多选用月季所不具有的蓝、紫等冷色调，冷暖色的碰撞使月季更出彩。园中集中展示了近百株自育砧木嫁接的树状月季，如花形似蝴蝶的'彩蝶飞舞'，而花型如铃铛般的'海峡垂珠'等，解决蔷薇嫁接桩树皮自动脱落、树干不直、嫁接不亲等问题，提高了树状月季可嫁接的品种数量及其寿命。

城市菜园位于辰山山体南面，中心专类园区东北部，总面积约 18500 平方米，收集了各类蔬菜约 40 种 400 个品种。其中按照不同的主题又分为缤纷菜园、特色菜园、休闲菜园和田园菜园（图 2-2）。

缤纷菜园共收集各类蔬菜约 20 种，园区以 50 余个不同色彩的蔬菜品种体现可食用景观。重点展示了叶色多变的罗勒、苋菜、棉花；茎秆色不一的茴香、莴笋；花色不同的秋葵、菜蓟、花椰菜以及果实多彩的辣椒、毛酸浆、茄子等。在景观配置上，缤纷菜园以展示观赏蔬菜的品种多样性为主，同时搭配鼠尾草、菊苣、万寿菊等色彩艳丽的食用花卉作为衬托，通过相互间不同色彩、高度和体量的合理配比，打破了原单一色彩的蔬菜种植形式，形成了蔬菜与花卉的混合式搭配，进一步提升了蔬菜的观赏价值，让人耳目一新。

特色菜园根据蔬菜季节性较强的特点，分暖季节和冷季节来展示不同的蔬菜。暖季节（6-10 月）期间以各式各样的茄科植物为主要特色，共种植了 14 种近 200 个品种的茄科植物，如辣椒属、茄属等。无论从科学角度还是经济文化角度，茄科在植物界具有举足轻重的地位，而在我们的日常生活中更是人们离不开的食物。冷季节（11月-次年 5 月）期间则以经济价值较大的十字花科植物为特色。主要集中收集芸薹属（如甘蓝）和萝卜属（如白萝卜）的 15 个种近 40 个品种的植物。在万物凋零的冬季里，十字花科植物占据了半壁江山。十字花科植物因其较高的食用价值和药用价值逐渐引起了人们的重视。

休闲菜园以打造蔬菜科普教育基地为目标，让青少年认识、了解蔬菜。长期生活在高楼林立的现代城市，人们离植物、蔬菜、田园越来越远，反倒加大了人们对食物来源的兴趣。休闲菜园主要根据蔬菜的食用部位不同（如观根、观叶、观花、观果等）和功能不同（如餐桌蔬菜、芳香蔬菜、药用蔬菜等）进行科学地展示，让人们了解植物的生长习性和不为人知的蔬菜文化。休闲菜园以植物为基础，以景观烘托气氛，使人们与蔬菜零距离接触。此外，进一步增进家庭、团队之间的情感交流，并体验劳动的快乐，让人们再一次感受到融入自然、回归自然的乐趣。

田园菜园以展示藤蔓蔬菜为特色，共收集展示了约 20 种 60 个品种的藤本类蔬菜

图 2-2　辰山植物园田园菜园（来源：沈戚懿）

品种。主要展示生活中可食用的一年生藤本植物和山药、西番莲、白木通等多年生藤本植物。在空间环境设计上，田园菜园的中心配置了锥形、球形和门形的竹藤架，并在园区东面，建有供人们休憩的平台，搭配长廊的藤架，形成了多层次的立面景观空间。在植物配置上，园区重点应用了狭叶马兰、金荞麦、鼠尾草、酢浆草等可食用的球宿根植物，增加了地平视线上的可观赏性，同时搭配菜豆属、蝶豆属、葫芦属、南瓜属等藤本植物，既丰富了平面和立面上的色彩，又填补了藤本蔬菜枯萎期的景观效果。

2.1.2 展览温室

展览温室位于辰山植物园的东北角（2号门），是由热带花果馆（图2-3）、沙生植物馆和珍奇植物馆3个单体温室组成的温室群，总面积为12608平方米。展览温室采用的自动气候控制系统为来自世界各地的植物创造了适宜的生长环境，使其成为服务辰山植物园科学研究、科普教育、园艺展示和生物多样性保护的重要设施。

热带花果馆面积为5521平方米，最高达21米，展示区分为风情花园、棕榈广场、经济植物，展示主题为"花与果"。"春花秋实"是花与果的自然生息节律，在花开的

图2-3　辰山植物园热带花果馆（来源：徐洪峰）

芳香中等待果熟的甘甜，既是唯美主义的表现也是人们对理想世界的情感寄托，正如禅语所讲"一花一世界，一果一天堂"。馆内根据四季展出不同主题，通过植物的新、奇、特，借助叶、花、果的色彩搭配和傣族文化、棕榈风情、地中海风情等人文景观设置，以巨大的山体作为背景和屏障，以瀑布、水池、涌泉、喷雾等组景，成就多姿多彩的室内花园。

沙生植物馆面积为 4320 平方米，最高达 19 米，展示主题为"智慧用水"，展示了沙漠干燥炎热的气候下形成独特器官或特殊外形的沙生植物。本展区以不同的石材为基质，着力表现与澳洲、非洲和美洲较为近似的原生环境，再通过配置来自原产地的沙生植物，表现在不同恶劣环境下植物本身的适应能力，如叶退化或变态为刺、毛以减少水分消耗，茎干膨大以储藏大量水分等。

珍奇植物馆面积为 2767 平方米，最高达 16 米，展示主题为"植物故事"，讲述植物的生存演化、自然界适者生存的竞争法则。展示区主要分为生存区和演化区。生存区着力表现植物在复杂多变的自然环境下如何演化和生存的故事。演化区主要展示植物从低等到高等演化的各个类群，包含苏铁、兰花、凤梨等。

展览温室因植物众多、环境多变、体验感强，成为辰山植物园开展科普活动的重要场馆。在温室内长期开展定点讲解、科普导览等常规科普活动。语音导览、二维码标牌等基于网络的标牌展板也有助于游客自主发掘植物相关科学信息。此外在"辰山奇妙夜"夏令营期间，"夜探温室"成为夏令营中重要的科普活动，对青少年具有极大的吸引力。

2.1.3　标本馆

上海辰山植物标本馆（CSH）是一个主要收集和保藏华东区系植物资源的地区型标本馆，2010 年 8 月完成国际登录。全馆占地 1600 平方米，共设置了烘干间、装订间、数字化间、冷冻间（含种子库）、正号标本馆藏厅、副号标本馆藏厅、模式标本间、鉴定间、形态学实验室、DNA 库、工具间、馆员办公室、服务器机房等 15 个功能区域。全馆配备了独立的通排风系统和温湿度控制设备。馆内共有站立式标本柜457 套，承重货架 135 组，设计最高馆藏 100 万份。通过构建标本物理位置定位查询系统，标本馆已实现每份标本的精准定位，大大提高了标本入柜和查询效率。

截至 2019 年年底，辰山标本馆馆藏维管植物腊叶标本 10 万号 17 万份，其中石松类和蕨类植物标本参照《中国植物志》（英文修订版）（*Flora of China*）第 2-3 卷的编排方式排列；裸子植物标本按克里斯滕许斯（Maarten Joost Maria Christenhusz）裸子植物系统排列；被子植物采用 APG IV 系统排列。现有特色馆藏包括：鼠尾草属、马兜铃属、关木通属、卫矛属、润楠属、蕨类与石松类、壳斗科、秋海棠科植物标本；1.3 万号全国外来入侵植物标本；3.5 万号上海市植物标本；1 万号华东沿海岛屿植物标本；1 万号浙江仙霞岭植物标本。其中 6 万号馆藏标本（占全馆的 60%）已加入国家标本资源共享服务平台。此外，辰山标本馆还保存有分子材料（干燥叶片存于硅胶）5 万份、DNA 样本（提取物）3876 份、种子库种子 1300 份，并于 2018 年加入国家重要野生植物种质资源库。

图 2-4　标本馆参观（来源：沈戚懿）

标本馆内丰富的标本资源和近距离体验标本采集、制作流程的优势，使得标本馆成为公众了解植物多样性、认识植物学研究流程、体验标本采集制作等科普教育的良好场所。标本馆不定期举办的培训班、体验课为公众带去新奇而多样的学习体验（图 2-4）。

2.1.4　科研中心

辰山科研中心全称为中国科学院上海辰山植物科学研究中心，于 2010 年 10 月挂牌成立，是由中国科学院与上海市人民政府共建的植物科研机构，坐落于辰山植物园西北角，建筑面积约 1500 平方米，设有 4 个公共实验平台、研究组实验室、人工气候室、组培室、资源圃、实验田、科研温室、标本馆、图书馆及办公室、会议室、报告厅等设施。

辰山科研中心致力于植物的收集、保育与可持续利用研究，目前设有 4 个科研基地及 12 个研究团队，科研及支撑人员共计 90 余人。此外，在读研究生和在站博士后 40 余人。主要开展生物多样性、次生代谢与资源植物开发利用、园艺与生物技术等方向的研究工作。研究立足华东，面向东亚，重点进行区域战略植物资源的收集、保存、展示及可持续开发利用研究；致力于建设成为全球知名的植物科学研究中心之一，并为辰山植物园成为优质科普教育基地和园艺人才培养高地打下基础，为上海的植物科学研究和城市景观绿化提供植物资源、科学理论与技术支撑。

辰山科研中心还承担了重要的科普教育功能。科研中心的仪器平台和实验室人员是开展多样化科普教育活动的硬件和软件基础。辰山科研中心的"科研开放日"是中科院"科研开放日"活动的重要组成部分，是市民大众了解科研、走近科学的一扇窗口。此外，借助实验室还开展了高中生研学项目、"准科学家培养计划"（图 2-5）等面向高中生的科研实践课程及项目。科研中心还是大学新生的重要暑期实习基地。

2.2 科普场馆

　　沉浸式科普展示是实施科学普及的有效手段。在植物园优美的环境中，公众轻松地参观或使用互动式科普场馆和科普设施，在沉浸中学习，往往会达到较好的科普效果。科普教育场馆是开展科普教育活动的基础硬件，为科普活动提供了场地、物质资源、自然信息等多方面的基础因素。规划合理、硬件完善、功能性强的科

图 2-5　辰山植物园"准科学家培养计划"论文评优
（来源：何祖霞）

普教育场馆，能够更为便利地开展科普教育活动、有效地传递科普知识，极大提升受众的体验。

　　为了更有效的提升园区科普能级，辰山植物园近年来大力加强科普教育场馆建设，以青少年儿童为重点目标群体，先后因地制宜地建设了科普教室、热带植物体验馆、4D科普影院、小小动物园、儿童园、空中藤蔓园、树屋、海盗船等科普设施，成为园内科普活动开展的主要场所，为青少年或亲子家庭近距离观察植物和体验自然提供了新的方式和角度，在轻松的探索中了解植物的生存智慧以及植物和环境间的关系。

　　下面分别介绍辰山植物园的科普场馆设施设计理念以及结合设施策划实施的特色科普活动案例。

2.2.1 儿童园

　　青少年和儿童是科普教育最重要的对象。在儿童阶段就建立起对植物、环境的科学认识，对于前瞻性、可持续性的公民素质提升具有重要意义。因此，辰山植物园深入挖掘儿童天性，基于儿童认知、体验特点，整合园区资源，将位于植物园西侧的数个园区进行有机组合，打造大儿童园概念，为儿童的活动、娱乐、自然教育等提供多样而优质的空间和资源。目前，辰山植物园儿童园包括儿童植物园、爬网、空中藤蔓园、小小动物园、海盗船、树屋等六大区域。

1. 儿童植物园

　　儿童植物园位于辰山植物园西南侧（图2-6），内设沙坑、木桥等游乐设施，同时在周边种植了50余种乔木、灌木及草本植物，如柚、榉树、七叶树、黄连木、二

图 2-6　辰山植物园儿童植物园（来源：沈戚懿）

乔玉兰、水杉、紫藤等，涵盖不同植物类群，并在不同季节具有不同叶色花香，供游客尤其是儿童近距离触摸体验。同时还结合植物资源设置植物与环境、植物的结构等展板，针对儿童的科普活动使用，达到寓教于乐的目的。

　　儿童植物园设计贯彻了"多体验化""场景化"的建园思想，周边植物有机合理搭配，形成果蔬区、彩花区、芳香区、触摸区（图 2-7）等主题区域，方便儿童认知和活动开展。中部则以沙坑、木屋、桥等构成娱乐区，给儿童创造奔跑、游戏区域，充分释放孩子天性，玩学结合。

图2-7 "盲人摸象"自然体验活动（来源：沈戚懿）

因为儿童植物园具有便于儿童接触认知的植物资源，因此是开展科普教育的核心区域。周边设计了基于植物器官认知的活动展板，通过自主式和引导式的寻宝游戏，让孩子们了解植物器官的知识。

2. 小小动物园

小小动物园位于儿童植物园西边界，由4个栅栏式笼舍组合而成。笼舍内分别饲养了羊驼、山羊、香猪、蓝孔雀等动物。小小动物园的设立主要为了利用动物对于儿童游客具有较高吸引力的心理特点，引导儿童、家庭游客前往儿童园方向游览，增加儿童园区域的趣味性。同时基于饲养的动物设置科普标牌和科普讲解活动，向游客传递动物和植物的关系、动物对环境的适应、人和动物的关系等信息，提升园区科普丰富度。

3. 空中藤蔓园

空中藤蔓园位于辰山植物园西侧，占地 5760 平方米。空中藤蔓园创新性地采用了双层构造，结合固定游览步道和爬网，让游客能在距地面 4 米的空中近距离观察欣赏藤蔓植物。藤蔓园目前收集种植了 40 余个藤蔓植物品种，包括忍冬科、旋花科、紫葳科、葡萄科、葫芦科等典型的藤蔓类植物类群，并将这些植物有机地组合在一起形成绿墙、廊道等景观，让游客体验藤蔓植物别样的美，并配合科普展板，让儿童在玩乐之余感受藤蔓植物的神奇。

藤蔓园采取了"立体化""多角度化"的设计理念。藤蔓植物在原生生境下通常依附其他立面向上生长，其形态、器官分布（尤其是繁殖器官）具有一定的高度和空间变化。因此常规的从地面仰视的角度并不能完全展示藤蔓植物的特征。藤蔓园因此采用双层设计，一方面给植物以向上生长的空间，同时使得游客能够方便地登高观察藤蔓植物的上部特征，多角度感受藤蔓植物的魅力。

空中藤蔓园主要以观察、讲解和体验活动为主，引导学生观察藤蔓植物的生长方式、缠绕方式等，了解藤蔓植物的特点和多样性。

4. 爬网

爬网位于辰山植物园西侧，占地面积 3500 平方米，内设多个植物修剪而来的动物园艺造型。爬网沿园内山坡在动物造型间串联以编织网编织的"飞碟""网塔""勇士之路"等元素。"飞碟"直径 18 米，"网塔"高 4 米，内设 13.8 米长的螺旋滑梯。人工构建与自然元素有机结合，为儿童提供新奇的观赏游玩体验。在游玩中提升协调平衡能力，锻炼勇气，同时也体验园艺之美、自然之美。

5. 海盗船和树屋

海盗船位于辰山植物园西湖西侧的柳树岛上（图 2-8），占地面积约 4000 平方米，于 2016 年建设完成。海盗船总体外形为一艘搁浅、折成两段的海盗船，两段之间由吊桥、爬网、瞭望塔、滑梯等游乐设施连接，下部铺设有沙坑，为儿童提供一个立体、有趣的游乐空间，供孩子们安全地攀爬游玩。此外还借助海盗船结构复杂的特点，布置了"海盗船寻宝"等科普活动，在船舱里放置若干个宝箱，宝箱内放置各种

图2-8 辰山植物园海盗船（来源：沈戚懿）

香料植物，通过寻宝活动，让孩子们以小组的形式在最短的时间内找出全部的香料植物，让儿童在游乐之余锻炼胆量，并了解香料植物知识以及大航海历史。

　　树屋位于辰山植物园月季岛西侧的小岛上，占地约3000平方米，由吊桥与木拱桥与湖岸连接。树屋模仿东南亚雨林地区树栖民族的树屋，以栏杆式结构建造了悬空的树屋景观，穿梭其中颇为有趣，更能够亲近湖水，欣赏湖面的水鸟和水中的游鱼。树屋内还设立了科普展板，介绍人类和森林的关系，唤起人们保护森林、爱护自然的意识。

2.2.2　热带植物体验馆

　　热带植物体验馆（图2-9）位于辰山植物园2号门内，三个温室之间的共享空间区域，为现代化多媒体场馆，使用面积超过600平方米，2014年在上海市科委项目资助下建设，2015年完工并向公众开放。

　　热带植物体验馆建设贯彻"多媒体""多角度""多样性"的"三多"设计理念。在多媒体方面，引入了弧形大屏、触摸屏、互动体感游戏等多样化的多媒体呈现系统，呈现内容包括动画片、游戏、知识问答等，让观众尤其是孩子能够沉浸其中，在视听刺激中领悟植物与人、植物与自然之间的相互关系。"多角度"是指馆内从多个方面来阐述植物、自然、人类之间的关系。馆内分为"植物与水""植物防御""食虫植物""植物与人"等不同主题，从植物对雨林环境的适应、植物的生存策略、植物和昆虫的关系、植物和人类的关系等多个角度进行展示和阐述，让游客对植物在自然和人类社会中的重要意义有更深入的理解。"多样性"则是指阐述内容围绕植物的多样性展开，让游客领悟植物多样性的重要意义，并提升对植物多样性保护的意识。

图2-9　辰山植物园热带植物体验馆（来源：沈戚懿）

作为辰山植物园所有场馆中多媒体和互动性最强的场馆，热带植物体验馆主要以接待自行前往的游客及定制化团队游客为主。此外，通过开发大屏幕的展示功能，发挥了体验馆的宣讲作用，在中小学研学课程中作为形式新颖、视听感强的教室使用。

2.2.3　科普影院

4D科普影院位于辰山植物园1号门大厅西侧（图2-10），为一下沉式影院，面积约800平方米，安装动感4D座椅60套、普通观影座椅80套。影院引入了成熟的4D体感交互系统，可模拟下雨、刮风、振动、晃动等自然体感场景。同时影院内还设置了会议系统，可承接中型会议、联欢会等活动。

4D科普影院基于"身临其境的体感体验能够加深对于场景的记忆"这一认识，将多种体感融入影片之中，让观众能够化身昆虫、植物等自然事物，在视觉和听觉体验之上增加更多维度的感官刺激，加深对场景内容的记忆，增强科普教育效果。

目前，辰山植物园4D影院已经引入译制自然纪录片《生灵之翼》，并配合影片内容增加了体感设置，通过模仿传粉动物的运动和感觉，让观众了解植物和传粉动物间的密切联系，体验自然界的和谐共生之美。此外，还可以播放2019年由中国纪录片制作人拍摄完成的10集《影响世界的中国植物》。

图2-10　4D科普影院观影（来源：张哲伦）

2.2.4 科普教室

图 2-11 辰山植物园科普教室（来源：沈戚懿）

辰山植物园的科普教室（图 2-11）位于 1 号门大厅东侧，面积约 200 平方米，安装了音响、投影等多媒体设备，可供 60 人同时上课使用。2019 年科普教室经过现代化改造，增加了墙壁彩绘、储物架、展示架等设施，进一步加强了科普教育功能。

辰山科普教室设计本着"以人为本""生动活泼""方便活动"理念，采用可活动式桌椅，可以方便地按照不同年龄人群、不同活动改变教室内桌椅布置方案，可进行普通课程、互动课程、游戏课程等不同教学活动。位于教室前后的展示架布置了标本、模型、手作、生态鱼缸等展示品，方便教师取用和学生观察。教室内还特别购置了 20 台可移动式双筒体视 / 显微镜，采用电池供电，方便学生的显微观察使用。

辰山科普教室是辰山植物园开展各项课程的核心场所之一，持续性地进行各项研学实践课程的开展，包括辰山奇妙夜夏令营的多门课程。此外，科普教室还承接了"园艺大讲堂""植物园建设培训"等讲座和课程。

此外，辰山植物园正在改造包括 3 幢 3 层房屋，由宿营区、科普展示区、互动实验室、仓库存储区以及办公区等组成的科普教育中心，建成后将成为青少年动手实践基地的主要场地。

2.3 科普解说系统

在植物园中，非人员的科普解说系统是较为常见的信息传递方式，主要分为科普标牌、科普展板等。好的解说系统对于公众了解植物、获取科普信息可起到事半功倍的效果。辰山植物园经过多年的摸索，建立了一套相对成熟的科普解说系统，并积极利用网络技术，挖掘标牌、展板潜力，打造网络化、多媒体化、多感官化、线上线下相结合的解说体验，提升科普教育的效能。

2.3.1　植物科普铭牌

植物科普铭牌为对植物园植物信息和园区信息进行简要介绍的重要信息载体。传统的植物铭牌包括编号、植物名称、学名、科属等，采用钉或挂绳固定于植物之上。

传统铭牌因面积有限，无法承载太多信息，因此对于公众进一步了解植物造成了一定障碍。为了满足公众获取知识的需求，结合目前的网络技术和移动通讯技术，辰山植物园开发了一批基于微信二维码的新型植物铭牌。这些铭牌简化了植物介绍，仅提供编号、植物名称等信息，其他更多信息则储存于服务器上，以二维码的形式印刷在铭牌上。游客只需使用自己的移动端，用手机 APP 直接扫描二维码，即可获得植物介绍、花果图片等大量信息，并且可以采用有声朗读方式进行聆听，大大增加了信息量和使用体验。目前，植物园内超过 200 种木本植物已经使用该新型植物铭牌系统。

2.3.2　科普展板

科普展板是向公众传递科普信息的重要形式。辰山植物园针对不同展示方式、受众及活动，设置了不同类型的科普展板。依照展板的展示时长和可移动性，分为临时科普展板和永久科普展板两大类。

临时科普展板是为了满足花展、重大活动等而临时设置的展板。其内容主要展示花展及其他活动中展示的植物、场景等科普内容。在展示形式上，设计了两种规格的立式展牌，画面采用贴膜设计，具有画面设计便捷、安装迅速、搬运方便等特点，可以在园区内按照展示需要进行灵活布置，满足花展及其他活动期间的科普需求。

永久科普展板多用于园区介绍、固定的科普活动、具有重要科普价值的木本植物介绍等。通常选择坚固、耐久的材质制作，插入土中固定，具有醒目、稳固的特性。植物科普展板多分布于展览温室内，主要介绍温室内一些具有特色或重要科普价值的植物。这些展板采用塑钢材质制作，上面除介绍外还有二维码，供游客扫描获取进一步知识。科普知识介绍展板散布于园中，多采用不锈钢材料制作，介绍植物在生活中的作用、植物与人类的关系、植物与环境的关系等。活动用展板为配合园区内特定活动所采用。辰山植物园在儿童园内设有以"植物器官的功能"为主线的互动性展板，配合周边植物介绍植物器官功能和植物生长过程，并引导儿童观察、了解、总结植物器官形态的多样性。此外，在园区内还设置了 30 块展板组成的"微信扫一扫"有奖问答活动，结合展板周边植物设置问题，引导公众用微信扫描答题，同时观察和学习周边植物，起到较好的兴趣激发作用。

2.4 科研、科普设施对科普活动的促进作用

由于植物园同时具备科普教育、物种保存和科学研究的综合功能，因此植物园中设有科普设施。此外，植物园的很多设施并非为了科普而设计，但同时又可以为科普所利用，这种现状既为植物园的科普工作带来了机遇，也对科普工作的组织协调提出了更高的要求。

（1）科研中心的科普功能提升了辰山植物园的科普品质。

公众对科研具有天然的好奇和神秘感，能有机会走进科研场所对公众具有莫大的吸引力。然而，科研中心本身又有其自身的运行规律，比如需要较为安静的环境；科研设施较为贵重，不适合新手操作；科研人员需要专注科研工作，闲暇时间有限等。因此，在做好科研工作的同时，又能尽量地发挥科研中心的科普职能则非常考验植物园的管理智慧，也有赖于建立科研工作者热心参与科普工作的良好氛围。辰山植物园对此有着较为成功的经验。例如，科研管理部门每年都会在固定时间（如全国科技活动周、上海科技节等）向公众开放，并组织相关活动；科普工作者邀请科研人员周末面向公众进行讲座；辰山奇妙夜夏令营期间，参观植物园标本馆并由一线工作者进行讲解和带领体验成为固定活动；科学家和对植物科学有兴趣的学生结对进行深入的科学探究课题，因材施教等，这些措施在很大程度上提升了辰山植物园科普活动的影响力。

（2）植物园众多的专类园区保障了科普活动的顺利进行。

辰山植物园广受欢迎的瓜果采摘系列活动、"宝宝坐王莲"活动等，都是园艺部门根据科普工作需要，有针对性地进行物种培育和养护。儿童园内的植物种植，更是专为科普体验所打造，注重低龄儿童对植物基本结构"根、茎、叶、花、果实"的理解和认知。此外，植物园的园艺部门负责活植物的管理和养护，无论是园艺部门一线工作者的养护经验还是活植物本身，都是极好的科普素材。辰山植物园举办的"园艺大讲堂"和录制的植物家庭养护系列科普视频"植物教你养"等，都是由园艺部门的一线工作者来承担。

（3）专业的科普设施让科普工作更具有可持续性。

设施完善的科普教室、4D影院和热带植物体验馆，确保了科普部门能够长年定期开展活动，满足公众对科普活动的巨大需求。辰山植物园的辰山奇妙夜夏令营活动，已经根据科普设施的配置，形成了稳定的接待模式，由室内科普讲座、4D影院电影欣赏、热带温室植物探究、专类园植物体验、夜游植物园等活动组成。2020年的7-8月，辰山植物园一共开展了39场科普活动，其中19场亲子夜游活动、12场夏令营活动、4场"宝宝坐王莲"活动、2场园艺大讲堂活动，参与游客共计2600余人次。如此高强度的科普活动频率离不开完善的科普设施支撑。

（4）解说系统满足了大量游客的游览需求。

非人员的解说系统具有造价低廉、使用时间长久、可随时更新等优点。由于辰山植物园的游客大部分由自由参观的散客组成，游览时间具有很大的随机性。辰山植物园合理配置的科普标牌和展板，很好地起到了为此类游客服务的功能。游客可以随机在园区了解珍稀濒危植物、王莲、睡莲、药用植物、水生植物、常见鸟类等信息，满足了不同游客的需求。

常言道，"巧妇难为无米之炊"，高质量的科普活动也需要高质量的科普设施来支撑。在长期的实践过程中，辰山植物园已经形成了一套由解说系统、科普场馆、专类园区、科研中心等组成的较为完善的科普设施和具有科普功能的场所，有效提升了植物园的科普品质。

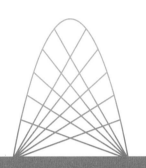

第 3 章
上海辰山植物园的
主题活动

经过 10 年的规划与发展，以"精研植物·爱传大众"为使命和社会责任的辰山植物园目前已建成矿坑花园、展览温室、樱花大道、喜林草福禄考花毯等 10 余个特色鲜明的植物景区，形成了上海月季展、上海国际兰展、睡莲展、辰山草地广播音乐节、辰山自然生活节等在本市或国内都有影响力的主题花展和品牌活动。

借助这些特色植物景区、主题花展和活动，辰山植物园不断挖掘宣传亮点，普及植物科学。主题活动以植物为载体，线上线下互动，尽可能以当下热点为切入点，辅以多种互动方式，力求生动有趣、贴近民生，最大程度激发参与者的兴趣，从而提高科普的实效。

作为上海市的一张绿色名片，辰山植物园借助主题花展和活动，通过报刊、网络、电台、电视台等新闻媒体，多角度、多层次地开展科学普及工作，让更多公众了解自然、欣赏自然之美，从而关注环境、提高环境保护意识。

3.1 上海辰山植物园主题花展

3.1.1 上海月季展

月季是世界知名的观赏花卉，以其花色艳丽、品种多样、易于造景而闻名于世，有"花中皇后"的美誉。月季的生命力来自持续而广泛的杂交，从而选育出极为多样的月季品种，并且随着向大众的推广而流行。月季是各类花展中最为人所关注的类群之一，而月季的专题花展也是世界各地花展的重要组成部分。近年来，随着植物园国际交流与友好合作的不断推进，月季展在植物园中的景观展示与科学应用地位越来越高，国内外月季花展不断。

在我国，月季花展作为花卉展览中的专类性花展，主题明确，布局灵活，规模多样。全国性或各省市举办的月季花展、月季文化节等，多为展现该花卉的种质资源、品种形态、生态习性、园林用途等，参展单位多，展览时间较长。辰山植物园于每年月季盛开的季节举办上海月季展，担当起引领设计与应用潮流的角色，具有鲜明的辰山特色（图 3–1）。

1. 布展手法灵活多样

上海月季展无论从布展形式、布展手法还是品种选择方面，都灵活多样、张弛有度。从布展来说，无论是理念、规划、景点设计，还是展区布置、花材应用等都显示了辰山植物园在用月季营造景观方面的水平。布展形式采用规则式、自然式和混合式

图 3-1　辰山植物园月季岛（来源：沈戚懿）

等，布展手法有主景与配景、借景与框景、前景与背景、冲击与缓冲、均衡与稳定、尺度与比例、立体与平面、虚实对比、适时借景等。景点构成元素包括地形、水体、拱桥、廊架、花园、小景、花道和小品等。植物配置有自然式也有规则式，有孤植也有列植，有丛植也有群植，有个体盆栽展示，也有和宿根花卉混植等。在品种选择上，展示了杂种香水月季、灌木月季、微型月季、藤本月季、丰花月季、树状月季等近千个品种，并将不同月季品种依据其花色、外形有机融合在布景之中，体现了辰山植物园的科研水平和园艺造景水平。

2. 全方位展示月季及其文化内涵

月季作为世界名花具有鲜明的文化色彩。因此月季展在展示月季的品种、繁育技术等植物本身特色特性外，还充分挖掘了月季的文化内涵，赋予月季展更深刻的意义，让市民游客在认知园艺的同时，懂得如何欣赏自然，珍爱生命。

上海月季展以"爱"为主题，充分挖掘月季的寓意——爱情这一文化元素，讲述爱情故事，展示爱情历程，呈现爱情收获，体现月季与人、人与生活、人与自然的相融关系，表达爱生活、爱自然、爱人生的主题思想。因此在布置设计时，辰山植物园以爱情为主题线索，通过运用月季花材的不同配置与景观搭配，营造出一个完整的爱情情感历程。以2019年上海月季展为例，辰山植物园采用月季花材配合其他布景元素，打造爱之起航、爱之初语、爱之涟漪、爱之交融、爱之港湾、爱之永恒和爱之盛典七大主题场景，分别表达了邂逅时的惊喜、相识时的含蓄、相知时的热情、携手相伴时的谨慎、风雨历程过后相望时的轻松，最终到相守时的宁静六个方面的情感变化，充分展现出月季在人生不同阶段——少年、青年、中年、老年所代表的爱情魅力，同时也表达出人与自然、月季与人、月季与生活的相互关系以及辰山植物园"精研植物·爱传大众"的建园理念。

此外，辰山植物园还深挖月季相关的文化内容，着力将月季展打造成为新奇有趣的文化体验。如在2019年上海月季展中，辰山植物园就收集展示了68个名字颇为有趣的品种，涵盖食品、卡通、人名、建筑、生活和动物等六大类。'玛利亚泰丽莎'和'安妮公主'带领游客走进童话世界；'安尼克城堡''格罗夫纳屋酒店'如同打开了城堡大门；'蜂蜜牛奶''火热巧克力'让人垂涎欲滴。其中，'拿铁咖啡'的花瓣颜色近咖啡色，十分特别。

2020年10月，辰山植物园还与著名作家陈丹燕合作，推出"陈丹燕的月季岛声音导览地图"（图3-2），40则声音故事有的与陈丹燕的旅行记忆有关，有的与文学艺

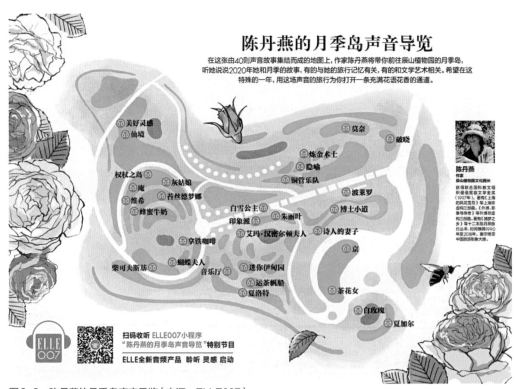

图3-2　陈丹燕的月季岛声音导览（来源：ELLE007）

术相关，均由陈丹燕亲自朗诵，用有声文学的形式为公众打开了了解月季的通道，此类科普和文学结合的方式在国内尚不多见。

3. 特殊月季品种集中展示和应用

辰山植物园月季展力求在品种、展示手法等多方面积极求新求变。其中，树状月季和藤本月季的集中展示和应用是一大创新和特色。

在 2019 年的上海月季展上，近百株大小不一、形态各异的树状月季集中亮相，成为当年月季展的亮点之一。这些月季包括伞型树状月季、瀑布型树状月季、垂枝型树状月季、树状玫瑰、树状月季丛林以及国内最粗的树状蔷薇等辰山自育树状月季品种，它们给国内游客及国际上从事月季研究的同行留下了深刻印象。

常见的树状月季通常采用野生木香花（蔷薇）桩嫁接，难免存在树皮自动脱落、嫁接不亲和等问题，可嫁接的月季品种也有限。更重要的是，自然生长在山上的木香花是野生资源，2019 世界月季洲际大会首次提出不得使用野生木香花（蔷薇）桩的树状月季参展的要求。早在 2014 年，辰山植物园就启动了自主培育砧木嫁接树状月季的园艺技术课题。截至 2019 年，辰山植物园月季资源圃已培育近 20 余个砧木品种。在亮相的树状月季中，'彩蝶飞舞'花形似蝴蝶；花型如铃铛般的'海峡垂珠'花色如同太阳落山时的霞光一般，美得令人心醉。此外，还展出了以欧洲犬蔷薇和四川古老月季进行杂交培育主干嫁接的四季玫瑰。这株玫瑰多头集群开放，且枝条均匀，无病虫害，无需修剪而自然长成整齐的垫状树形。

用藤本月季布置而成的全长 250 米的花廊是上海辰山植物园月季展的又一大创新。这条花廊利用往年植物园秋季花展留下的竹廊架、种植箱搭建而成，精细绑扎、合理布局。前半段花廊应用单色藤本月季，形成强烈的视觉冲击，表达爱之单纯和浓烈；后半段花廊应用了各色藤本月季，表达爱之缤纷浪漫。一前一后，色调配置形成对比又相互补充，融合成一个完美的花廊整体和一段爱的历程。

花廊不仅体现了藤本月季在花展中的应用，也体现出辰山植物园在藤本月季品种收集与展示方面的水平。值得一提的是，藤本月季'安吉拉'是目前国内应用最广的藤本月季之一，其盛开时花量大、覆盖力强，花朵呈粉红色，中心色淡，有温和的果香，可多季节连续盛放。该品种耐阴、耐干旱、抗病虫害能力都较强，对国内气候的适应范围也较广。辰山植物园搭建了 1500 米长的'安吉拉'月季花墙，经过多年的养护管理和示范实践，探索出了一套标准化的养护管理措施，并成功将该品种推广至上海及周边地区园林中应用，使之成为不少街道和社区妆点墙体和围栏的主力花卉。

除了木本月季和藤本月季外，一些特殊月季品种也是月季展展示的重点。2019 年就展出了花瓣基部具有色斑、如同眼睛的'巴比伦之眼'月季，获得国际月季评比大赛奖项最多的'格拉汉托马斯'月季，以及被誉为"世界最蓝月季"的'蓝色梦想'月季等，让游客和专业人员的观赏体验更上一层楼。

4. 组织月季应用学术交流会

2019年上海月季展期间，在上海市绿化和市容管理局的指导下，辰山植物园与上海市绿化管理指导站、上海市月季花协会共同举办"2019长三角月季应用技术交流会"，邀请专家就月季栽培、品种选育、园艺布展等方面开展技术培训和交流。培训主要面向国内及全市一线月季栽培技术人员，意在提升月季栽培和应用技术水平。活动同时得到国家林木种质资源共享服务平台、长三角城市生态园林发展联盟、上海市绿化委员会办公室、上海市绿化和市容管理局、上海市科学技术委员会、上海市花卉产业技术体系以及上海城市树木生态应用工程技术研究中心的支持。

5. 月季展期间的科普传播策略

为保证月季展的科学普及效果，辰山植物园提前制定宣传方案，把握宣传节奏，充分利用电视、广播、报纸、网络等多种媒体形式，围绕主题"全方位、立体式、分批次、全程跟踪"开展形式多样、内容丰富的宣传，主要介绍了月季展区、月季新品、安吉拉藤本月季、树状月季、蓝绿色月季和月季与文化等方面的内容。一是前期渗透。2019年4月中旬，通过"月季花事"美文、美图、美诗投稿，并以月季园艺讲座福利分享和"月季花事"福利投票等方式引起市民关注，引发社会热议。开幕前夕，编制多个版本的游园攻略、月季科普等在数家新媒体上进行推送，为月季展开幕提前预热。二是中期造势。月季展开幕至"五一"小长假期间，实行密集型新闻推送，以月季＋故事表现形式，深度挖掘月季内涵，为市民搭建品味月季文化、感受月季艺术的桥梁。月季展期间精心制作各展区介绍展牌和百余块月季展相关展板和宣传海报，提升科普宣传力度。三是后期巩固。2019年5月中下旬，通过"辰山草地广播音乐节""最美安吉拉花墙"等热点内容巩固月季展宣传效果，加深市民对这一品牌的认知度。

上海月季展期间，还设计制作了月季手册提供给游客自由领取阅读，制作了月季科普牌插于月季品种旁，方便游客了解该品种的知识。此外，还开展了"月季故事""月季与生活"等科普讲座，并通过爱情邮局、爱情小屋、爱的乐园等一系列有趣的互动活动，进一步向游客科普月季知识、月季文化。

辰山植物园举办的上海月季展以精美的布景、多样的品种、丰富的内涵，不仅为市民游客带去了一场美轮美奂的视觉盛宴，也充分体现了融科研、科普、景观和休憩为一体的综合性植物园的科学内涵。

3.1.2 上海国际兰展

辰山植物园作为华东地区收集兰花品种较多、较全的大型综合植物园，从2013年开始举办"上海国际兰展"，第一次就创下了近28万人次参观的记录。从2014年开始，上海国际兰展每两年举办一届，至2020年底共举办了5届（表3-1），得到了国际自然保护联盟亚洲区域物种委员会、国家林业和草原局野生动植物保护和自然保护区管理司、上海海关、中国植物园联盟等单位的大力支持，吸引数十个国家前来布展和参加比赛。上海国际兰展主题鲜明，内容丰富多彩，布展创意时尚，活动贴近民生，已成为国内外颇具影响力的兰展（图3-3）。

历届上海国际兰展概况   表3-1

届别	举办时间	主题	展区面积（m²）	展区景点	展出兰花种（含品种）	展出数量
第一届	2013年	赏兰，品质生活的开始	13000	20	600	30000
第二届	2014年	梦幻之兰，品味之选	20000	32	1200	70000
第三届	2016年	兰花与健康	10000	15	600	30000
第四届	2018年	共赏兰韵，品质生活	13000	17	600	30000
第五届	2020年	奇幻兰花之旅	8000	19	266	10000

1. 兰展主题贴近民生

每一届兰展举办之前，辰山植物园都会根据市民游客的喜好，结合兰花产业的发展趋势，提出一个贴近民生的主题，同时谋求突破、有新意。

2013年兰展的主题为"赏兰，品质生活的开始"，旨在通过呈现一场兰花盛宴和文化盛会，凸显兰花在提升品质生活方面的作用，引导市民学会欣赏兰花，喜爱兰花，让兰花成为品质生活的一部分。

2014年兰展的主题为"梦幻之兰，品味之选"，在前一届兰展的基础上，进一步引领兰花作为品质生活"必需品"的时尚。

2016年兰展的主题为"兰花与健康"，通过与食品、药品、兰花生产商的合作，展示兰花衍生产品在人类健康生活中的重要性，进一步帮助人们树立低碳生活、健康生活的理念。

2018年兰展的主题为"共赏兰韵，品质生活"，广邀兰花爱好者参加个体比赛，培育养兰、爱兰的群众"土壤"。

2020年兰展的主题为"奇幻兰花之旅"，向公众展示266种中外珍稀兰花，讲述

图 3-3　上海国际兰展景观布置（来源：沈戚懿）

兰花从起源到漂洋过海奇幻之旅的系列故事。

纵观这5届上海国际兰展，无论主题的名字如何变化，万变不离其宗的是：强调兰花与人的生活息息相关，兰花是高品质健康生活的一部分。

2. 兰展规模面向国际

上海国际兰展是长三角地区规模最大的兰花展，在立足华东地区的同时，积极邀请国内海南、云南、江西、贵州、北京等地以及国际参展单位参加。比如，2013年首届上海国际兰展的参展商来自14个国家和地区，2014年兰展的参展商来自泰国、西班牙、印度尼西亚、乌干达、厄瓜多尔和中国台湾地区等17个国家和地区，体现了兰展的国际化、多元化和专业化。2018年兰展邀请了泰国、日本、马来西亚、西班牙、乌干达、厄瓜多尔和中国台湾地区等国家和地区的兰花大师，或从本国带来精美绝伦、在国内难得一见的兰花，或参与设计布展，中外创意融会贯通。来自四大洲的600多种（含品种）3万株兰花在辰山植物园近万平方米展区内齐聚一堂，市民可在兰花丛中体验"异·域·奇·兰"，寻找回归自然的乐趣。

3. 展示兰花品种丰富

上海国际兰展展出的兰花品种十分丰富，2014年兰展时已达到1200种（含品种），展示的兰花品种涵盖大花蕙兰、卡特兰、万代兰、文心兰、兜兰、蝴蝶兰以及原产亚洲的天麻、金线兰、石斛兰等。每届都会重点推出珍奇少见的兰花种类，如 2014 年兰展上展出的非洲豹纹兰、塑胶花树兰；2016 年展出的石斛'羚羊角'，花瓣自然卷曲酷似羚羊角，还有厄瓜多尔参展商带来的'猴面兰'，一脸萌样，成为当届兰展最受游客欢迎的兰花品种之一。2018 年展示了极其珍贵的 7 种郁香兰和 16 个原种或品种的小龙兰，还首次展出了辰山植物园自主培育的 5 个新品种之一的'中非基音'彗星兰。2020 年以讲述兰花演化故事为主线，展示了俗称"达尔文兰"的长距彗星兰（图 3-4）和传粉天蛾的故事，还有会弹射花粉块的流苏龙须兰、通过雨水传粉的多花脆兰、模拟蚜虫吸引食蚜蝇来产卵的紫纹兜兰等。

图 3-4　长距彗星兰（来源：寿海洋）

上海国际兰展还展出过一些有保健、药用价值的兰花。比如与真菌共生的天麻、有"金草""神药"美称的金线莲、可用作香草冰淇淋的香荚兰，以及一些气味特别的兰花，比如文心兰属的'金沙巧克力'，花色酷似巧克力，还有着浓烈的巧克力香味。此外，上海国际兰展还展出过只长根不长叶的'幽灵'兰，以及中国台湾原生种蝴蝶兰属的'阿嬷（出艺）'品种，其叶片上突变产生金色条纹，在 2008 年的中国台湾国际兰展会上获得金奖。

4. 营造特色兰花景观

国际上的一些兰展如日本兰展仅在室内举行，而上海国际兰展利用辰山植物园独特的展览温室及原有植物景观进行布展，可谓独具特色。

2013 年兰展主景布置时，辰山植物园融合旅人蕉制作了景点"赏花儿趣"。为解决主景空间高差较大的问题，制作了蝴蝶兰吊船，中部错落有致地铺设了文心兰、石斛兰和兜兰，使景点呈现欢快的律动。该景点又贴合"兰之乐章"的主题，构思巧妙，简约但不简单。

2016 年兰展从宗教文化的角度呈现兰的盛宴，如在热带花果馆里营造富有泰国特色的"狂欢泼水节"，用泰国特色兰花制作的大象、孔雀、佛像等营造热烈欢快的人文场景，传递热爱生活、积极向上的人生态度。

2018 年兰展重在展示兰花原生种的保育，表达保护和关爱植物的主题。以展览温室、矿坑山洞、绿色剧场南大草坪、一号门入口大厅等为主要兰花展示区域，布置了"自然奇迹"主题兰韵、"奇花异兰"国际兰艺、"漠上花开"插花花艺、"名兰荟萃"精品兰花、"幽谷兰影"矿坑兰花、"遇·兰"兰花花艺等六大主题展区，结合园内同期开放的春季花卉营造多处兰展氛围景点。其中一处兰花景点布置在现代化硬质玻璃桥边，为了让现代化的硬质玻璃和兰花自然融合，传达自然主题，辰山植物园的园艺工匠动了一番脑筋，在制作景点时用活苔藓包着枯枝营造自然的厚重感，用溪水代表自然的甘露对植物的馈赠，用兰花表达自然的气息和美丽；同时，将桥柱用万代兰装饰，并以封存的种子作为配饰，用彩色灯带代表基因链。通过这些景观布置手法，呈现了植物从一粒种子到一片景观的历程。

5. 科技攻关助力兰展

我国兰花资源在数量分布上从南到北依次递减，许多兰花品种更适应阳光充足、湿度高、昼夜温差大的环境，上海的炎夏和寒冬使许多兰花的生长受限。为此，辰山植物园兰花课题组围绕兰花资源的收集和栽培开展了大量科研工作，取得的科技成果为成功举办每一届上海国际兰展提供了有利的技术支撑。

比如，辰山植物园兰花多样性研究团队利用花期调控等技术手段促进天麻、白及、长距彗星兰等兰科植物提前开花，使其在兰展期间与市民游客见面；还通过一定的技术手段，筛选出一批观赏价值高、适宜上海室外露地栽培的兰花，比如紫花美冠兰、地宝兰和白及等，目前筛选出的白及可以在上海范围内花境花坛广泛种植。

在 2018 年上海国际兰展上，由上海辰山植物园自主培育的'中非基音'彗星兰首次与游客见面。它的母本'韦奇氏'彗星兰是著名的长距彗星兰的后代。彗星兰属原产于非洲热带地区，是喜欢生长在树干或岩石上的附生型兰花，属于引种困难的珍稀种。彗星兰无法生存在上海的自然气候条件下，人工杂交不易，且兰花种子在自然条件下萌发十分困难。2014 年，辰山植物园兰花温室首次引进母本后，通过不断尝试和配对，使其与原生种无茎彗星兰成功授粉。目前的 F1 代植株能够看出父母本的优秀性状。此新品种现已在英国皇家园艺协会（RHS）的官方网站上成功登录。

兰展筹备中，兰花的安全入关至关重要，上海海关技术人员及时核对实际到货数量并进行现场检疫和取样检测，整个兰展期间也全程监管，严把国门生物安全。为实现兰花种植苗圃和口岸一线快速检测兰花携带的病毒，辰山植物园与上海海关（原上海出入境检验检疫局）合作研制了病毒测试纸条。经反复试验改进，试纸条能够在 5 分钟之内同时检出两种病毒，操作简便，能满足生产或查验一线直接检测的快速初筛要求。此项技术已被应用于国外进口花材的检验检疫工作中。

6. 带动本土兰花产业

每届上海国际兰展都会举办专业的兰花评比，通过这些评比培养和带动了海南、云南等地一批兰花产业从业者，提升了他们的水平，使得越来越多的中国本土兰花种植户和参展商的名字出现在兰花获奖名单中。

比如，2013年兰展全场总冠军杏黄兜兰（我国一级保护物种），以其亮丽的花色、饱满的花姿、精致的展示效果以及"大熊猫"般的珍稀脱颖而出。

2014年兰展全场总冠军"美洲兜兰"，于2002年在秘鲁被首次发现，曾引起兰界的轰动，被称为"圣杯兜兰"。其以挺直的花葶、亮丽的色泽、饱满的唇瓣及濒临灭绝的现状而受到兰花评审专家们的青睐。2016年兰展全场总冠军为辰山植物园引种栽培的美洲兜兰新品种。它的父本即为美洲圣杯兜兰，鲜艳的红色极为罕见，花瓣对称、颜色饱满、植株健康新鲜。2018年兰展全场总冠军为原生种球花石斛，有25个花序，多达500朵花。花瓣和萼片雪白，唇瓣嫩黄犹如天鹅绒般质感。

7. 促进植物与文化融合

历届兰展都会邀请国内外设计团队参赛，使得兰展不仅仅是一场植物的盛宴，更成为一幅兰花绚丽、文化交融的美景。

2013年兰展上，泰国的景点名为"兰梦"，泰国是佛教之国，佛的设计融合了泰国的文化，而布展所用的万代兰是泰国特产，也是兰花的典型代表，再加上具有泰国特色的风铃，让游客在赏花的同时，感受泰国文化。同年的西班牙参展景点为"兰艺天成"，陈旧的皮箱里种植着原产于西班牙的蜂兰，乐架上摆放着西班牙乐谱，告诉人们这里正在上演一出气势磅礴的兰花艺术盛宴。景点还用巨大的花束、独具特色的丝巾，表达了奔放、热情的西班牙文化。

2018年兰展以兰花展示为契机，围绕"一带一路"倡议，搭建展示各国兰花艺术、生态和文化的交流平台，传递上海宜居的人文情怀，倡导社会进步与生态建设偕行，为中外游客奉献独具魅力的兰花视觉盛宴。

8. 传递兰花文化及保护理念

通过举办上海国际兰展传播兰花科学知识、文化和环境保护理念是辰山植物园办展的初衷。每届兰展期间，科普人员都会策划组织丰富多样的互动体验活动，培训科普志愿者在现场进行兰花导赏和科学解说，提高公众对兰花的科学认识及其生存环境的关注。比如2018年的兰展恰逢清明小长假，园方为市民精心安排了"寻找兰精灵""兰花自然笔记""兰花大讲坛""博士带你赏兰"等形式多样、内容丰富的活动，让游客在芳菲漫溢中感受美好的兰花世界。

3.1.3 睡莲展

"一花一世界，一叶一如来"。睡莲姿容独特，色彩梦幻，因昼舒夜卷而被誉为"花中睡美人"，深受大众喜爱，也是大众夏季赏花的首选。辰山植物园水域面积大，除了栽植大面积的荷花、王莲等水生植物园外，还引种展示着丰富多彩的睡莲（图3-5），成为沪上一大特色。

自2016年起，辰山植物园在每年8月18日-9月18日会举办睡莲展，主题为"静谧的睡莲世界"，至2020年已连续举办5年。展出睡莲300余种（品种），展览面积15000-20000平方米，是上海地区展出品种最多、展览面积最大的睡莲展。每一届睡莲展都会推出一批颇具特色的睡莲新品种，是辰山植物园睡莲引种与保育成果的集中展示，为市民游客提供了多场睡莲的视觉盛宴，也让公众增加了对睡莲的了解。

1. 展览主题定位明确

多年来，睡莲展坚持以"静谧的睡莲世界"为主题，通过各种布展形式向公众展示睡莲恬静脱俗的优雅气质，普及睡莲相关知识。以2019年睡莲展为例，辰山植物园精心布置了几大睡莲展区，分门别类展出各种睡莲。

（1）"流浪"睡莲展区。借助电影《流浪地球》和电视剧《穹顶之下》（Under the Doom）中的部分景象，融入艺术、科幻等元素，通过布置景石、金属制品、实验室器材、睡莲干花等材料，营造充满科幻色彩的场景。影片中的"地下城"隐喻植物园在全球植物资源保护方面的重要作用，引导人们认识植物园的重要性，反思人与环境的关系。

（2）精品睡莲展区（图3-6）。位于南门内广场，缤纷多彩的精品睡莲搭配以"辰光色"为主打色的渐变缸体，显得格外引人注目。此处重点展示热带睡莲约160个品种，耐寒睡莲约30个品种，其中包含国际睡莲水景园艺协会（IWGS）部分获奖品种，还展示了20种原种，特别展出了辰山植物园近年来自主培育的睡莲品种'天琴座'。

（3）山水睡莲展区。沿西湖漫步，清风徐来，蝉鸣在树梢上此起彼伏，睡莲在水面随波摇曳。沿岸种植耐寒睡莲，形成一条"可远观辰山之景，近赏睡莲之美"的绝佳游览线路。展示了'莉莉潘丝'等多彩的睡莲品种，着重突出睡莲的群植之美。

（4）综合水生植物展区（图3-7）。主要展示藕、茭白、慈菇、荸荠和水芹等水生植物，此外还向市民展示象耳芋和王莲。象耳芋，叶片巨大，像大象的耳朵，故得其名，是理想的观叶品种。王莲则具有强大的承重能力，叶片直径可达2米以上，是睡莲中名副其实的巨无霸。

（5）咫尺幽莲展区。重点展示定植于渐变缸体之内的印度莲、泰国莲、澳大利亚

图 3-5　辰山植物园展示的睡莲（来源：沈戚懿）

图 3-6　辰山植物园睡莲展精品睡莲展区（来源：沈戚懿）

莲等 10 余个热带型荷花品种，让游客近距离观察荷花与睡莲的异同，感受荷花之美，品味荷花之韵。

（6）凝静时光展区（图 3-8）。位于矿坑镜湖区域，1000 平方米的湖面上，幽香浮动着绚丽多彩的睡莲，与岸上的植物相互衬托，高低层次分明，呈现一副悠远宁静的画面。集中展示了'蓝鸟''玛哈颂巴''天琴座'等蓝紫色系热带睡莲品种。

2. 结合时事热点丰富布展形式

除了保留经典的展示风格外，每一届睡莲展会设计与打造全新景点，5 年来，辰山植物园睡莲展已呈现给公众十多种睡莲的展示方式。既有孤植睡莲，以凸显品种特色，也有群植睡莲，以表现花海景观；有塔状展示的睡莲，也有搭配魔方、小船等各种造景，辅以其他各类水生植物，突出睡莲的独特魅力。此外，在布景上还借助辰山、湖面等大背景，借景布展。

2019 年，"垃圾分类"成为上海最热门的词，全市上下积极推进垃圾分类工作，全体市民积极参与垃圾分类。睡莲展由此得到了新的布展灵感。于 2019 年 7 月 9 日

图 3-7　辰山植物园睡莲展综合水生植物展区（来源：沈戚懿）

图 3-8　辰山植物园睡莲展凝静时光展区（来源：沈戚懿）

晚在辰山植物园官方微信发布空奶粉罐"征集令"，公众持空奶粉罐可以兑换植物园门票，征集令被广泛转发，阅读量当晚就破万，短短不足 30 小时就征集到了 1200 个空奶粉罐。空奶粉罐经过艺术加工，最后被制作成一个高 1.5 米的巨大魔方，以小型睡莲为主题，搭配荇菜、花叶水芹、星光草等水生植物，成为独特一景（图 3-9）。

3. 名优精品睡莲汇聚辰山

每一届睡莲展展示数百种世界各地的睡莲品种，特别展出历年国际睡莲水景园艺协会（IWGS）的部分获奖品种，可谓沪上最多、最全的获奖睡莲品种展示。

睡莲品种展示主要集中在南门内广场和镜湖两个区域，辰山植物园加大与国内外育种专家的交流合作，名优睡莲品种比例逐渐增加，2019 年辰山植物园睡莲展以蓝紫色为主打色调，共展出睡莲 300 余种，其中热带睡莲 160 种，耐寒睡莲 140 余种，品种'夹克丰''玛哈颂巴'在 IWGS 获奖的次年就在辰山植物园面向公众展出。

特别值得一提的是，辰山植物园从 2016 年开始进行睡莲新品种的培育工作，主

图 3-9 辰山植物园睡莲展植物魔方展区（来源：沈戚懿）

图 3-10 辰山植物园自主培育的新品种'天琴座'
（来源：杨宽）

要采用有性杂交、化学诱变等方式，筛选出形态、颜色独特，性状稳定的品种，并在国际睡莲水景园艺协会上进行品种登录，成为国际上认可的新品种。

为了让每年的睡莲展都有新意和亮点，给游客带去新的惊喜，2019睡莲展特别展出了辰山植物园近年来自主培育的睡莲品种'天琴座'（图3-10），该品种拥有紫色带褶皱的花瓣、亮黄色的花蕊、斑驳的叶片，独具特色。

4. 科普宣传扩大社会影响

辰山植物园睡莲展旨在培养市民对植物的兴趣，宣传睡莲在教育、文化等领域的应用，引领时代潮流，并通过宣传提升睡莲展的品牌影响力。

睡莲展期间，辰山植物园开展形式多样、内容丰富的科学普及工作，精心组织各种参与性强的互动活动，如"餐桌上的水生植物"科普讲座、"百变萌娃坐王莲"等，将莲荷文化内涵与海派园林完美契合，着重突出旅游体验，充分展示上海这座国际性大都市海纳百川的城市精神和中国海派植物园清莲雅趣的独特魅力。

辰山植物园睡莲展已连续举办5届，共接待游客22万人次，成为具有影响力的主题花展品牌及科普品牌，受到市民的喜爱，丰富了辰山植物园夏季游园内容。

3.1.4 其他专题花展

1. "万花争艳红火迎新春"迎春花展

春节前后，上海的室外百花凋零，一片萧瑟，而辰山植物园展览温室内灯笼高挂，鲜花盛开。

每年的农历春节前后，辰山植物园都会推出迎春花展，为来自五湖四海的游客献上独具辰山特色的第一波早春花海，也送去新年的祝福、春天的问候。植物园一号门大厅，布置以郁金香、朱顶红、风信子为主的球根花卉，结合中华、福气、祥瑞等元素，营造出热烈喜庆的节日氛围，表达了对新年的美好期盼。

迎春花展以反季节催花牡丹、郁金香、洋水仙等球宿根植物以及高山杜鹃、报春花、兰花等中外名花为主要展示花卉。花展期间，各主要景点鲜花盛开，呈现出一幅万花争艳迎新春的喜庆画面。

热带花果馆里，游览路线的两旁点缀着不同花型、花色各异的郁金香和洋水仙，犹如一条条铺设了彩虹的幸福大道。热带花果馆的不同区域则布置了生长状态不同的朱顶红，辅以枝条编织的球根造型、以木片树皮粘贴而成的萌发球根造型及大型藤编构架的朱顶红组群造型，打造朱顶红"破""萌芽""盛放"的时间展线，让观者感受植物生长周期的变化，欣喜于冬去春来的时光变迁。

牡丹也是每年迎春花展的主角之一。上海的牡丹一般在4月中旬盛放，迎春花展展示的几十个牡丹品种采用先进的催花技术人工调控花期，根据展览的时间预先将牡丹植株进行冷藏处理，使其花芽提前分化，再缓慢提升温度，辅助使用少量激素，使其提前开花。迎春花展展出的盆栽催花牡丹，花色丰富，形态各异，其中不乏'岛锦''粉中冠''贵妃插翠''花二乔''绿幕隐玉'等颇具观赏价值的品种。

在近几年的迎春花展上，位于一号门内广场的牡丹景点采用了缸体造景，牡丹搭配景石和铁筷子、麦冬等当季草本植物，以远处的辰山和西湖为背景，为市民游客呈现出一幅山水牡丹的美丽画卷。

矿坑花园内的牡丹主要布置在两个区域。第一个区域是台地区，集中展示较为名贵与珍稀的牡丹品种，它们的花色均很少见，如复色的'岛锦''二乔'，绿色品种'绿香球''绿幕隐玉'，蓝色系的'蓝宝石''蓝月亮'，以及黑色系品种'黑豹''初乌''黑海洒金'等。它们虽不是真正意义上的黑色，但其深沉的花色在牡丹中显得独一无二。第二个区域是镜湖周边，这里展示的牡丹数量更多，展示方式更为集中，在镜湖的映衬下形成独特的倒影效果，场面壮观。品种上大量选择了各类有名的粉色系的品种，如'赵粉''银红巧对''粉中冠''雨后风光''肉芙蓉'等。

迎春花展的另一大主角是高山杜鹃（图3-11）。高贵而美丽的高山杜鹃在影视和动画作品中常常出现在"神秘幻境"之中。近年来的辰山植物园迎春花展于热带花果

图 3-11　迎春花展中的高山杜鹃（来源：沈戚懿）

馆内，将众多品种的高山杜鹃和经典动画影片场景有机集合，打造了"花之彩""童之趣""幻之境""绿之野""谜之乐"五大景点，并结合自然元素和游乐设施，给小朋友带去无限乐趣，勾起成年人的童年回忆，在寻花之旅中增进对高山杜鹃的了解。通过造景营造艺术氛围，带领市民游客领略高山杜鹃的风采，进而感受高山杜鹃在当年欧洲园林里形成的独特风尚。

此外，温室的兰花展示也是每年迎春花展期间珍奇植物馆不变的主题。各种热带兰开得热闹喜庆，成为最吸引游客的景观之一。

2. "仲夏花开，有趣浪漫"仲夏花展

五月的上海，空气中洋溢着浪漫的味道。柔美多姿的鸢尾、拥有王者风范的凤梨和花色多变的八仙花，还有萱草、玉簪等宿根花卉，在这个季节接二连三地盛放，由此也拉开了辰山植物园一年一度的仲夏花展。

（1）鸢尾

鸢尾分布于全球的温带地区，拉丁文意为"彩虹"，故名"彩虹女神"。按照花期的早晚，辰山植物园展示有髯鸢尾、西伯利亚鸢尾、路易斯安娜鸢尾和日本鸢尾，共计 400 多个品种，同时展示 5 个鸢尾原种，包括玉蝉花、喜盐鸢尾、马蔺、北陵鸢尾和蝴蝶花等。

在占地面积约 3600 平方米的鸢尾园主展示区（图 3-12），辰山植物园的巧匠们

按鸢尾的花色、花型、叶形等形态特征，将不同鸢尾品种科学配置，采用从水中到旱地的梯形种植方式，完美展示了水生鸢尾、湿生鸢尾及旱生鸢尾之美。

在一号门大厅，鸢尾以切花和插花的形式，搭配八仙花、凤梨，在工艺品的映衬下，展现出鸢尾、八仙花品种的个体之美。从大厅通往鸢尾园的沿路，以单车、彩色玻璃缸为容器布置造景。同时，为了营造端午节氛围，加入端午代表性植物菖蒲，尽显夏日活力。

从5月中旬鸢尾进入盛花期开始，整个鸢尾园成为花的海洋，缤纷的鸢尾似千万纷飞的鸟羽在叶丛中飘飘洒洒，成为吸引游客驻足的风景。

（2）凤梨

凤梨科植物除一种分布于非洲外，其余均来自美洲热带和亚热带的广大区域，神秘的热带雨林、干旱的沙漠、广漠的草原都有它们的身影，表现出对环境的极大适应性。

图 3-12 辰山植物园鸢尾展示区（来源：沈戚懿）

凤梨展以地栽、立体绿化、附生种植等展示形式，根据不同种类的生态习性结合原有植物景观进行全方位展示，再现凤梨科植物在自然环境中的生态多样性。此外，还以花境和容器组合盆栽等形式展现凤梨科植物的丰富多彩和美丽。

位于热带花果馆入口处的"王者盛筵"展区，几组具有南美风情的高大图腾柱下，以帝王卷瓣凤梨为首的凤梨科植物"巨人们"尤为吸引眼球。

漫步热带花果馆，瀑布旁由观赏凤梨组成的"空中花园"展区令人眼前一亮。高10余米、体态雄浑的假山上，几座大型人造枯树纵横交错、真假难辨，树干上、石壁上，1200余株形态各异的凤梨把整座山体变成一座欣欣向荣的凤梨山，一丛丛松萝铁兰（俗称老人须）从枯枝上垂下，更加营造出神秘氛围。

（3）绣球花

绣球花又名八仙花、紫阳花，原产我国、日本和朝鲜。现为绣球花科绣球花属植物。土壤的酸碱度对绣球花的花色影响非常明显，土壤为酸性时，花呈蓝色；土壤呈碱性时，花呈红色。

在主游线花境和矿坑花园林下，展示着辰山植物园从日本、荷兰、法国等国家引进的绣球花品种50余个，除普通绣球花品种外，还有圆锥绣球、树状绣球及原产美国的栎叶绣球等多个绣球属种类及其新品种。在展示方式上，运用花艺、个体、组合盆栽等多样手法和形式，充分展现绣球多彩的花色、多变的花型和多样的园林搭配。矿坑花园主要以不同色彩的绣球为主体，配植喷雪花、木槿、杜鹃和桂花等，以模仿绣球原生环境为出发点，营造出高低错落、叶形互衬、步步皆景的花境，总观赏面积近千平方米（图3–13）。漫步在园内以木屑或石板铺就的蜿蜒小路上，两边盛开的是色彩缤纷的绣球花，红色奔放，粉色婉约、白色圣洁、蓝色清新……

（4）萱草

仲夏花展期间，萱草（图3–14）和玉簪是另外两种主打花卉，以地栽、盆栽、组合景观为展示形式。2019年首次展示了部分在美国萱草协会获得斯托特奖的萱草品种以及在美国玉簪协会获得本尼迪克特奖章的玉簪品种。

在核心区球宿根专类园，以地栽形式集中展示了蜘蛛形、花边形、三角形等萱草品种136个，同时搭配具有"相思"寓意的红豆树，强化了相思之意，加深了相思之情，两者一草一木、一高一低，相互呼应。

位于华东植物区的琴键花环上，根据萱草的花朵色系红、粉、橙、黄、紫、白进行分类种植，每个条带种植同一个色系，形成五彩斑斓的彩虹条带。该种植手法与琴键花环原设计中"跳动的音符"相吻合，萱草与其他宿根植物通过花卉团块的带状布置和相互交叠获得了微妙的节奏和色彩变化，表现出"履步寻芳草，忘忧自结丛"的意境。

图 3-13　绣球花（来源：沈戚懿）

图 3-14 萱草（来源：沈戚懿）

3.2 上海辰山植物园特色活动

3.2.1 辰山草地广播音乐节

辰山草地广播音乐节始于 2012 年。上海人民广播电台想借鉴德国森林交响音乐会的形式，举办一场贴近自然的音乐会。辰山植物园开放式的绿色环境正符合广播电台的需求，催生了沪上公园中的首个"草地音乐会"。

2012 年，首次与观众见面的"辰山草地音乐会"就吸引了全国媒体和行业内的极大关注，从全国 70 个公园文化活动中脱颖而出，获得了"公园文化年全国公园优秀文化活动"荣誉，不少观众纷纷来电表示希望这项活动能持续开展。2015 年起，辰山草地音乐会升级为 2 天 6 场演出的音乐节，除了傍晚的 2 场主场演出外，白天还组织了多场小型户外音乐演出。截至 2021 年，辰山草地广播音乐节已经成功举办了 10 届，成为国内规模最大的户外古典交响音乐会（图 3-15）。

1. 明星现身助力音乐节宣传

2019 辰山草地广播音乐节以过硬的演出吸引观众，门票在开演 10 天前就告售罄，

图 3-15　2020 年辰山草地广播音乐节演出现场（来源：王鹤春）

同时，线上线下的创意节目、活动以及文创产品让人们全方位感受音乐的美好。演出前，田艺苗、廖昌永、石倚洁、韩蓬、薛浩垠、赵晓鸥、陈锐、周颖等音乐界"大咖"和方书剑、翟李朔天、丁辉等人气新秀，蔡金萍、方舟、潘涛、晓君、霍尊等演艺界人士与上海广播电视人纷纷录制视频，力荐上海这一文化盛事。

2. 国内外著名乐团乐曲亮相音乐节

连续 9 届的辰山草地广播音乐节，吸引了国内外著名乐团的积极参与，捷克布拉格交响乐团、意大利贝里尼歌剧院、俄罗斯圣彼得堡交响乐团、德国科隆西德广播交响乐团、德国科隆西德广播合唱团、德国西南广播合唱团等全球顶尖交响乐团都登上过辰山的草地舞台，为一批又一批的交响乐迷奉上了初夏夜最美妙的旋律。

以 2019 年音乐节为例，享誉国际乐坛的德国指挥大师克里斯托夫·艾森巴赫率领首次访华的欧洲广播乐团翘楚——西南德广播交响乐团，带来了一组充满律动的音乐作品：斯美塔那脍炙人口的喜歌剧《被出卖的新嫁娘》中的舞蹈选段、德沃夏克笔下洋溢着青春活力的《斯拉夫舞曲》与《第九交响曲"自新大陆"》中气势恢宏的乐章选段，还有深受中国乐迷喜爱的柴可夫斯基《天鹅湖》中优美的圆舞曲以及迸发着速度与激情的勃拉姆斯《匈牙利舞曲》等。在美景环绕中聆听这些充满律动的熟悉旋律，不少观众情不自禁闻"乐"起舞。华裔小提琴家陈锐与艾森巴赫及乐团合作献上了"世界四大小提琴协奏曲"之一的门德尔松《e 小调小提琴协奏曲》，这是四大协奏曲中最适合在户外聆听且最易为普通观众所欣赏的一曲。陈锐以华丽的技巧将这首被誉为"点缀这个世界最需要的笑容"的协奏曲中的甜美与浪漫演绎得淋漓尽致。

3. 演出内容不断创新

2019 年的辰山草地广播音乐节首次将音乐剧演出带进大自然，在两天下午的小舞台呈现别具匠心的"音乐剧嘉年华"。在年轻乐迷中人气颇高的新生代音乐剧演员——方书剑、徐均朔和王洁璐带来了世界知名音乐剧与国内优秀原创音乐剧的经典唱段。小舞台还呈现了阿卡贝拉专场演出。在蓝天白云下、绿树环绕中欣赏耳熟能详的音乐剧选段，让观众更能体会到旋律与美景融合的无限魅力。

音乐节演出还紧跟国内时事。2019 年是中华人民共和国成立 70 周年，这年音乐节演出内容紧跟主题，在大舞台的演出以"我爱你中国"为主题，以《红旗颂》开场。优秀指挥家赵晓鸥执棒上海爱乐乐团，与杰出的中国新生代男高音歌唱家石倚洁、韩蓬、薛皓垠合作带来了大家耳熟能详的《星光灿烂》《我的太阳》等名曲。三位"80后"歌唱家一展跻身世界乐坛一流水准的中国强音，为中华人民共和国成立 70 周年献上真挚赞歌，更联袂带来了被誉为男高音"试金石"的歌剧《军中女郎》中连续9 个 High C 的华丽唱段《多么快乐的一天》，"棋逢对手"的合唱高潮迭起，引发热烈掌声。《在那遥远的地方》《两地曲》《我住长江头》等中国经典民歌与艺术歌曲也让观众们倍感亲切。

2020 年的辰山草地广播音乐节期间，全球正面临着新冠疫情的严重考验，而中国由于前期采取了果断措施，避免了疫情的进一步蔓延。2020 年是音乐家贝多芬诞辰 250 周年的特别纪念，然而在全球范围内，已有众多纪念贝多芬的演出与活动因疫情原因而暂时搁浅。5 月 31 日的音乐节大舞台由旅奥指挥家张亮携手上海爱乐乐团，带来一场贝多芬的音乐派对，精选了历年来最受听众欢迎的贝多芬交响乐作品及其乐章，在当天的舞台上集中呈现《英雄》《命运》《田园》《舞蹈的颂赞》等深入人心的旋律，与广大爱乐者的心持续共振。

贝多芬在深受耳疾困扰的情况下，依然写出了优美至极的旋律，正是这个时代全球抗击疫情的人们都需要的乐观与坚持。音乐是世界通用的语言，辰山草地广播音乐节以本土名团奏响世界名曲的方式，发出"上海声音"，为全球携手抗疫加油鼓劲。

值得一提的是，2020 年辰山草地广播音乐节以公益场的形式，特别邀请了抗疫阵线上的上海援鄂医护人员、公安民警、志愿者、社区工作者、环卫工人等代表，携家人来到音乐节现场。更多的公众则是通过音视频直播平台，共同感受众志成城、齐心抗疫的信念与勇气。

4. 演出形式注重互动

在内容与互动性上不断寻求创新，打破"我演你听"的固有方式，让每个观众都成为音乐节的一部分，甚至成为演出的"主角"。2019年音乐节演出中，70位新老上海广播电台工作者登台，与石倚洁、韩蓬、薛皓垠共唱《我和我的祖国》，伴随着激昂而深情的旋律，越来越多现场观众跟着一起高歌，台上台下5000余人共同创造了全场大合唱的标志性时刻。

为了配合傍晚主场的辰山草地广播音乐节，主办方还策划了一系列的配套音乐演出和亲子活动。白天在展览温室前面的大舞台和岩石与药用植物园小舞台，安排了不同的乐团演出，演绎着浓郁民族风情。

此外，2019年音乐节还推出了"经典947音乐家咖啡快闪店""爱的照相馆"以及"经典947音乐季"等一系列创意互动活动，让古典音乐之美渗透到上海最美好的季节中去，"润物细无声"地融入上海市民的文化生活。也许这就是为什么在户外音乐节遍地开花的今天，这个古典音乐节每年能吸引万余名观众的原因。

除了"普及古典"的初衷，音乐节还特别设置了亲子互动区，让举家出游的乐迷们，有机会躺在帐篷里，惬意感受音乐的魅力。还为孩子们准备了篮球等游戏，并安排了教跳舞、身体彩绘等活动，用一种更自由、更舒服的方式，让更多的孩子爱上古典音乐。

5. 场地布置别具一格

辰山草地广播音乐节的场地位于辰山植物园展览温室前面的大草坪上，面积约1.2万平方米，为保证聆听音乐会的舒适度，让观众获得最佳体验效果，植物园投入大量人力、物力，将场地改造成台阶式草地，只放5000张坐椅，以便后排观众看得更清楚。

五月的黄昏，不远处的辰山灯塔亮了，展览温室的七彩霓虹灯有节律地跳动着，坐在绿草茵茵的大草坪上，与家人一起聆听美妙的交响乐，一切都是那么的美好。

6. 后勤保障服务细致到位

每年的音乐会，园方会招募上百名志愿者，参与场地布置、秩序维护、科普活动辅助、人流引导等事宜，力求为听音乐会的人们提供最为舒适的环境和体验。为解决上海地铁"最后一公里"难题，园方还专门安排了多辆短驳车，提供往返地铁站免费接送服务。

作为一种轻松、高雅的户外休闲活动，户外音乐节活动大大受制于天气变化，柏林、巴黎、维也纳等城市早已形成成熟的户外音乐节品牌，因天气原因临时取消演出也时有发生。每一届的辰山草地广播音乐节都有完备的应急预案，关注天气预报的变化，气象车也早早就位现场，在园内实地监测，实时通报天气情况。2019年音乐节期间出现小雨，园方在演出开始前擦干每一张座椅，为每位观众发放雨衣，大雨时安排观众进入温室避雨……辰山观众区草地的先进排水系统，让现场观众在干爽的草地中欣赏了一场纯粹的雨中音乐盛会。

7. 传递赏花品乐文化理念

音乐和植物其实是相通的，两者都可以让人们在精神层面得到提升。通过举办辰山草地广播音乐节，辰山植物园希望为人们提供宝贵的精神文化财富，营造精神文化传播的后花园。音乐会散场后，整片草坪上"一尘不染"，纸屑、空瓶、包装纸等垃圾几乎不见踪影。大半天的活动结束后，草坪几乎与开场前一样整洁，高质量的音乐会与高素质的观众在辰山草地上相得益彰。

通过辰山草地广播音乐节的举办，辰山植物园探索了一条生态和文化的融合之路，将自然与文化瑰宝同时呈现给游客，传递着"赏花、品乐、乐享人生"的都市文化生活理念，创建了辰山草地广播音乐节"生态＋文化"的个性品牌。无论是观众数量，还是演出内容和水准，辰山草地广播音乐节已经成为国内规模最大的户外古典交响音乐会。

3.2.2 辰山自然生活节

金秋时节，甘甜爽口的果实、缤纷绚丽的色彩以及馥郁芬芳的香气丰富了人们的味觉、视觉以及嗅觉。以往每年的金秋十月，辰山植物园会策划"辰山秋韵"花果展，以向日葵、南瓜、水果、观赏草、辣椒等蔬果花卉为主题，为大家带来数万平方米的花海、十余个品种的奇瓜异果以及不同风格的乐队演出，精心布置了一场花果的视觉盛宴。

2019年起，"辰山秋韵"花果展升级为"辰山自然生活节"，辰山植物园联合上海人民广播电台推出了"经典947·辰山自然生活节"，在国庆长假期间呈现12个主题展区，14场音乐戏剧演出与28场艺术体验营，融汇植物科普、文创市集、艺术巡游等为一体。这是继每年5月的辰山草地广播音乐节后，双方在植物与艺术领域的又一"大动作"，希望在金秋时节让市民游客徜徉于花海中的同时，聆听美妙动人的歌声，体验精彩纷呈的活动，邂逅浪漫的秋日风情。

1. 主题展区争奇斗艳

2019年国庆节期间，辰山植物园内大量观赏蔬菜、瓜果以及花卉惊艳亮相，呈现秋季特有的丰收景象。结合当季植物主题，植物园策划布展了"满庭芬芳""童趣时光""时光花坛""荻花深处""矿坑花园""秋日花境""十步芳草""缤纷蔬果""多肉王国""南美风情""婆罗探秘"和"一米花园"12 个主题景点。同时，瓜果长廊（图 3-16）、缤纷花桥、向日葵花海、秋日花境、南瓜树屋等环境布置在植物园各个展区中作为点缀，有机串联起各主题景点的观赏路线。

"满庭芬芳"展区是以 350 斤巨型南瓜等秋季作物为主的家庭园艺展示，让游客能够近距离观赏、触摸巨型南瓜并合影留念。同时运用辣椒与玉米绘制出一幅巨大的拼贴画，祝福祖国 70 周年华诞。

在"荻花深处"展区，火焰狼尾草、蓝冰麦、棕红苔草等观赏价值较高的色叶类品种以及羽绒狼尾草、大布尼狼尾草、粉黛乱子草等观花类品种，配合高低错落的荻花，给人以优雅飘逸之感，富有野趣，吸引游客进入观赏留念。

儿童园的"童趣时光"展区以 22 个色彩缤纷的木桶为容器，展示手捻葫芦、浆果辣椒、树茄子等色彩艳丽的爬藤植物、宿根植物，呈现一幅色彩斑斓的画面，吸引亲子家庭游玩体验。另外，在儿童园与藤蔓园间新增藤编小屋框架，供孩子们穿梭嬉戏。

"矿坑花园"展区重点展示醉蝶花、蓝花鼠尾草、火焰狼尾草、千日红和香彩雀等观花和宿根植物。向日葵、观赏草以及各种缤纷绚烂的植物互相衬托，借鉴英式花园风格，以细腻而柔和的色调调和，让人们仿佛踏入了世外桃源，漫步其中即

图 3-16　自然生活节期间的瓜果长廊（来源：沈戚懿）

可与蝶共舞，与花相伴，感受植物之美，体验独具辰山特色的修复式花园。

"秋日花境"展区位于主游线路径上，用向日葵、观赏辣椒、观赏谷子等植物配合宿根植物向公众展示秋日的宿根花境，种植得高低错落，展现出层次感、空间感，演绎优雅的生活情调。

"十步芳草"展区位于岩石与药用植物园区域，重点展示芳香植物、岩生植物及药用植物。布置少量多肉组合景观，一棵棵形状各异、紧致小巧的肉叶如玉般润泽。同时种植精致小巧的多彩花卉，营造惬意、悠然的氛围。

"多肉王国"展区位于沙生植物馆多肉展区，重点展示以非洲岛屿——马达加斯加岛为主题的多肉景观。布置沙漠奇迹、多肉王座以及多肉画框等互动景点。该景点向全社会征集精品多肉植物并展示，为市民提供展示自家多肉植物的平台。

"南美风情"展区位于热带花果馆凤梨展区，重点展示形态各异的凤梨品种，同时还向大众科普菠萝相关的知识。

"婆罗探秘"展区位于食虫植物展区，重点展示眼镜蛇瓶子草、马桶猪笼草以及爱德华猪笼草等形态各异的食虫植物。为了让市民能够近距离观察这些植物，增设了放大镜，供市民观测捕蝇草腺毛、茅膏菜粘液、狸藻捕虫囊等植物的细微之处。

"一米花园"展区位于自然市集区域，重点展示精致园艺产品"一米花园"，以2000平方米的金黄色向日葵迷宫为大背景，并于场地中央布置12个不同风格形式的一米花园，让市民游客能够近距离欣赏，并有机会创作精致的一米花园，感受植物带来的乐趣。

2. 自然、艺术、生活融为一体

如果说辰山草地广播音乐节以自然为舞台，在艺术与广大市民之间搭建起一座桥梁，那么辰山自然生活节则将这座桥又延伸了一公里，让优质的艺术体验唾手可得，在大自然中"赏花，品乐，乐享人生"。

蔬菜园里缤纷蔬果争奇斗艳，彩叶苋、树茄子、秋葵以及涮辣椒、灌木状辣椒等100多个辣椒品种吸引着都市人们的目光。各种趣味雕塑以及多肉魔方等小品，配合几何拼接的趣味雕塑外立面，并装饰镭射二向膜，吸引着无数小朋友。

3. 把艺术表演的舞台搬进大自然，把大自然艺术化

一个前卫的理念必须有具体的行动来表现。在落实自然、艺术、生活"三位一体"的具体行动上，辰山自然生活节的执行团队动了很多脑筋，想了很多计策。比如，把艺术表演的舞台放到户外的大自然中，而不是室内，并且增加台上台下的互动。艺术家在台上表演，观众在台下一起歌唱。再比如，辣椒、玉米、巨型南瓜等植物不是简单地摆放，而是进行艺术创作，让它们成为画中一景。所有的植物展示都从

艺术的角度去考虑如何布展。

2019年辰山自然生活节中，最成功的一个景点是"70花坛"（图3-17），怒放的向日葵搭配火红的一串红，组成一个巨大的中华人民共和国成立70周年庆Logo，从空中俯瞰，蔚为壮观。因为这个创意及所呈现的较好景观效果，"70花坛"的航拍照片登上了许多媒体版面的显要位置。在这样一幅自然、艺术和生活交相融汇的美好画面中，辰山植物园又一次完美践行了"精研植物·爱传大众"的建园理念。

4. 艺术演出跨界自然

2019年10月1日至7日，植物园2号门大草坪的"花朵舞台"每天上演两场演出，涵盖音乐会、音乐剧、儿童剧、合唱等多种艺术形式。中国福利会少年宫小伙伴艺术团合唱团以纯净的童声合唱拉开辰山自然生活节的帷幕，中国福利会儿童艺术剧院带来以垃圾分类为主题的儿童剧《爱绿色的给力兔》。作为高品质中文版音乐剧的代名词，七幕人生音乐剧团唱响经典音乐剧《音乐之声》和《放牛班的春天》。目前中国唯一的青少年钢鼓打击乐团——上海青少年打击乐团以鼓点掀起节奏狂欢。中国青年口琴重奏的领军团体魔幻之声口琴重奏团、以阿卡贝拉演绎流行金曲而圈粉无数的燃点人声乐团，以及以台上台下互动演出为特色的热迷乐队——登台献艺（图3-18）。

图3-17　辰山自然生活节中的"70花坛"（来源：沈戚懿）

图 3-18　2019 年辰山自然生活节场景（来源：沈戚懿）

同时，辰山自然生活节特别打造了"经典 947 艺术体验营"，汇集市面上丰富多样的艺术培训种类，每天 4 场、连续 7 天的互动课程带来 8 种适合不同年龄段人群的艺术体验。体验全程免费，却不乏大咖加盟。毕业于法国巴黎国立高等音乐学院的青年钢琴家封颖亲自授课，带孩子去往"小楠呱魔法音乐城堡"。屡屡"刷屏"朋友圈的上海本土音乐人王渊超亮相花朵舞台，与女儿一起唱响沪语童谣。在年轻观众与家庭观众中人气颇高的七幕人生音乐剧团与魔幻之声口琴重奏团也是"花朵舞台"的表演者。观看演出后，观众们能马上完成同款"初体验"——尝试一次"亲子版"《声入人心》或是用 15 分钟学会吹奏口琴，家长与孩子实现从"欣赏"到"学习"的无缝对接。

5. 配套活动别具一格

辰山自然生活节期间，多种 Ins 风满满的拍照背景墙让游客目不暇接，还有身穿童话世界戏服、踩着高跷的魔术师以及卡通人偶出现在园区的重要景点，游客可以与他们合影，互动游玩。每天在 1 号门和 2 号门之间往返进行艺术巡游。除了观看演出、参加体验营，市民游客亦可在美食市集"逛吃"各国美食，在文创市集选购伴手礼，或是在露营区开启野餐模式等。

6. 科学普及效果明显

辰山自然生活节举办期间，在"经典947""动感101"和"新闻广播"3个频率中，进行多频次宣传推广。还与腾讯合作，开展了QQ实践团主题亲子活动，在腾讯大申网平台的多个资源上做了有效的传播，还通过腾讯平台直播向广大网友展示了生活节的精彩瞬间，"十一"当天直播观看量54万人次；在腾讯新闻APP上海页直播推荐位和腾讯大申网旅游频道焦点图进行宣传，阅读量超过200万人次。

3.2.3 其他特色活动

1. 自然嘉年华

2019年4月20-21日，辰山植物园联合阿里巴巴公益基金会、桃花源生态保护基金会、上海市野生动植物保护协会共同举办了上海市第38届"爱鸟周"暨第四届自然嘉年华大型公益自然教育活动。

自然嘉年华有47家自然教育机构和学校参展，辰山植物园10余个部门和课题组（涵盖图书馆、蕨类、秋海棠、柠檬草、兰花、食虫植物、球兰、入侵植物、吸金植物、旋花科植物、药用植物、凤梨、标本馆、科普宣传部等）也参与展出，当天共有60多个互动展位，尽管天公不作美，淅淅沥沥地下着小雨，但还是吸引了5000余名观众，其中青少年儿童2000余人。

互动展示过程中，各家自然教育机构和学校发挥特长，提供了丰富的自然观察和体验活动，如观鸟、植物拓印等手工制作、垃圾分类互动游戏。自然嘉年华还安排了8场公益性自然公开课，先后有数百个亲子家庭在草坪上席地而坐，分享自然观察的故事。此外，还安排了4场温室夜游活动，150余人分别由4家自然教育机构带队，体验了夜间的展览温室。自然嘉年华期间还开设了国际生态创意市集，主要展示环保设计师的风采和他们的作品，以此倡导健康、环保的生活方式和生活理念。同时，结合上海爱鸟周，邀请资深观鸟爱好者带队，现场报名在植物园内进行观鸟活动。

2. 辰山植物园认建认养

辰山植物园认建认养是辰山品牌活动之一，十年来，累计接待市民万余人。园方精心策划内容丰富、趣味十足的认建认养活动，向市民提供柑橘树、野生猕猴桃、桂花、山楂、东京樱花等数个树木种类认建认养，还为前来参与活动的市民准备了充满仪式感的认养铭牌、荣誉证书、精美礼品等。此外，还联合了多家单位，如青年企业家协会，共同打造辰山植物园认建认养品牌，提升品牌影响力，向社会宣传爱护自然、保护自然的理念，增强市民爱绿、护绿、兴绿的意识，引领绿色低碳新时尚，努力改善我们赖以生存的生态环境。

3. 辰山植物园主题家庭日

辰山植物园优美的环境还吸引了众多世界500强企业来园开展家庭日拓展活动，如ABB（中国）家庭日当天有2400多名员工及家属在专属的大草坪上搭建了众多的帐篷，在帐篷里开展"一圈到底""儿童乐园"、DIY手工制作等活动；博世（中国）在活动当天有近10000名员工及家属来到辰山植物园，在华东植物区系园大草坪上搭建了舞台及游戏区域，舞台上有各式各样的表演，一球成名、袋鼠跳、粘粘乐、勇攀高峰、儿童DIY手工制作和投篮机等游戏区域同时开放；3M公司在十年间两次组织近10000名员工及家属来辰山植物园开展家庭日活动，在此享受自然盛宴。辰山植物园为这些活动提供了场地和相关设备等配套服务，优美的园区环境和热情的服务，赢得了这些世界500强员工及家属们的一致好评。

另外，辰山植物园每年都会联合企业单位开展健康生态跑活动，如中国医药研究总院、上海市科委、新民晚报、上海银行、复旦大学等，这些企事业单位都以绿色和健康为主题，通过在植物园里跑步来品味花朵的芬芳，呼吸清新的空气，感受着植物带来的迷人魅力。

作为国家级AAAA级旅游景点和全国科普教育基地，辰山植物园各方面设施设备越来越完善，不仅有越来越多的游客市民前来参观，更吸引越来越多的知名企业单位来辰山植物园开展活动，既扩大了辰山植物园的知名度，也促进了植物园的快速发展。

4. 上海辰山植物园影视拍摄

2013年6月，上海辰山植物园被上海市文化广播影视管理局和上海市旅游局授予首批"上海影视拍摄取景地"荣誉称号。

入选"上海影视拍摄取景地"为辰山植物园旅游资源的宣传推广提供了更宽广的途径，让辰山植物园一流的园容环境、科研及园艺多了一个良好的展示渠道和途径，反过来也通过吸引更多的影视拍摄丰富园内的文化活动。

十年间，有众多优秀的影视剧和广告在辰山植物园内取景拍摄，如《色戒》《浮沉》《微微一笑》《房奴》《归还世界给你》《幸福，触手可及！》《三十而已》等，这些影视剧极大增加了辰山植物园的知名度。

3.3 主题活动对植物园科学普及的促进作用

传统意义上对科普工作的认知还停留在学校教育阶段：一个老师面向一群孩子讲授知识。然而随着时代的发展，学习的形式也发生了巨大变化，各种跨界合作更是让科普有了更广泛的内涵。主题活动对科普活动的促进，主要体现在以下几个方面：

（1）主题活动为短时间内让更多的公众受益成为可能。

传统授课形式的科普，往往是由一名教师面向几十名学生讲授科学知识，即使是大型讲座，也不过百人，千人已经是非常难得，而对传授者把控现场的能力和所讲授的内容有极高的要求。而主题活动由于规模较大，所吸引的游客往往以万计。2020年国庆期间辰山植物园举办的自然生活节，8天吸引了12万人次参加，这样的规模是常规的科普活动所不能比拟的。因此，举办大型的花展和其他主题的活动，有利于扩大科普的受众。

（2）主题活动改变了传统的科普传播形式。

传统以授课为主的科普传播模式，还是"我教你学"，以"授课者"为中心，而非以"学习者"为中心。而主题活动，更多的则是游客的自我选择。面对花展期间琳琅满目的展出，在有限的参观时间内，选择在哪些花前驻足欣赏？去阅读哪些解说展板？参加哪些主办方举办的小活动？和其他家庭成员或者朋友进行什么内容的对话？在植物园里停留多久？这些都给予了游客更大的自主权，而学习的过程则在家庭成员和朋友间的游览、聆听、观察和对话中产生了，而非单纯、被动地接受信息。

（3）跨界的主题活动扩大了科普的内涵。

在世界范围内，各类主题展览和演出都是植物园面向公众传播的一种形式，如音乐会、画展、雕塑展、艺术装置展等。辰山植物园的草地广播音乐节，采取在草地上欣赏古典音乐的方式，让公众感受到植物园这样的户外空间的独特价值；陈丹燕的月季岛声音导览地图，把文学融入了对月季品种的欣赏；辰山自然生活节，除了各种形式的音乐活动外，还融合了亲子露营、科普游园会、科普讲座等体验活动。而主题花展，则更是向公众展示生物多样性之美的好时机。植物园的科普工作和其他领域的结合是一个值得鼓励的趋势。

第 4 章

上海辰山植物园的
科学普及体系

面向公众开放的植物园在科学普及工作上有着极为广泛的受众人群，这既是植物园科普工作的优势，但如何为不同的受众提供所需的科普活动，也是植物园科普工作所面临的挑战。

辰山植物园为了更系统地做好科学普及，在不断综合园内特色植物资源和人才优势的前提下，原创策划植物相关系列科普产品，为线上线下的科学普及做好充分的内容准备。依据科学普及的主要形式，把科普产品分为科普资料类、科普传播类和科普活动类，形成由点到面，覆盖全员的科学普及体系。

其中，科普资料包括科普书籍、手册、课程折页、科普视频以及科普实物展品等，科普传播包含传统媒体传播和新媒体传播，科普活动则根据受众和活动形式的不同而呈现出丰富多彩的面貌。

4.1 科普资料

科普资料有受众面广、具备保存价值、受时空影响小等优点，是一种常见的科普产品。辰山植物园多年来，积累了大批科普资料，并形成了自己的特色。

4.1.1 科普书籍和论文

辰山科普团队结合科普项目研究，先后出版科普书籍《植物进化的故事》《中国常见植物野外识别手册　衡山册》《峨眉山植物观赏手册》《彩图科学史话：生物》《万年的竞争》《情系生物膜：杨福愉传》《基因的故事：解读生命的密码》《发现植物：路边的植物》《发现植物：好看的植物》等，翻译出版科普书籍《兰花博物馆》《植物知道生命的答案（修订珍藏版）》《100种影响世界的植物》《世界上最老最老的生命》《果色花香：圣伊莱尔手绘花果图志》《有花植物》《地球故事》《醉酒的植物学家》《丝路之花》《英国皇家园艺学会植物分类指南》《生命的进化》《DK植物大百科》（图4-1）等，还在《生物多样性》《科普研究》《中国植物园》《十万个为什么》等刊物发表科普论文或文章30余篇。

图4-1　辰山植物园翻译出版的科普书籍《DK植物大百科》（来源：北京科学技术出版社）

4.1.2 科普手册

策划印刷辰山特色系列科普手册
《兰》《月季》《鸢尾》《凤梨》《辣椒》《蕨》
《水生植物》《辰山观鸟》《辰山花讯》《芳
香植物》《珍稀濒危植物》《药用植物》
《观赏草》《睡莲》《荷花》《秋海棠》等
（图4-2）。科普手册在设计策划过程中
注重相关知识的系统性、全面性、准确
性和更新性，成为辰山植物园科学普及
知识体系中的一部分，综合融入植物学

图4-2　辰山植物园制作的科普手册（来源：寿海洋）

相关学科的交叉知识，紧随学界的最新进展。科普手册会通过各种形式免费发放给公
众，电子版已放在辰山植物园官网上，公众可自行下载阅读。

4.1.3 科普课程及活动页

辰山科普团队面向不同人群策划了"植物与我们的生活""植物多样性与保
护""植物生存策略""植物应用""植物百态""植物生态"等6个系列科普课程，开
发了《餐桌上的湿地植物》《大珠小珠落玉盘》《蔬菜营养彩虹》《叶片糖果师》《好吃
的植物》《了不起的色素》《好闻的植物》《坚韧的植物》《水中大力士》《荷花的秘密》
《沙生植物》《食虫植物》《神奇的淀粉》《植物的旅行》《植物带来的新能源》《花儿为
什么这么艳》《甜蜜的故事》《植物吸金记》《植物进化的故事》《魔法树皮》等30余
个不同主题的科普课程，所有课程通过网站和媒体对外招募或团队预约，大部分课程
以科普折页的形式进行展现，便于学生更深入地了解课程内容。

配合科普课程，辰山科普团队还面向不同年龄的人群策划不同主题的科普活动
单，如《课本植物趣味搜索单》《探秘热带雨林》《绿色天才》《水生植物搜索单》《珍
稀濒危植物搜索单》《海盗船香料寻宝任务单》《沙漠求生》《热带果实》《濒危之路》
《植物猎人》《芳香植物》等，免费发放给有需要的人群，增加科普活动中受众的参与
度和积极性。

4.1.4 科普视频

科普团队经过长期的拍摄素材积累，制作了"花的故事"系列科普短视频，包含
了河津樱、染井吉野樱、兜兰、蝴蝶兰、凤梨、睡莲、月季、萱草、鸢尾、食虫植物

等十余个不同专题的内容；还结合上海市科委的科普项目，原创策划制作儿童系列科普动画片《辰小苗历险记》，讲述了全球变暖，辰小苗克服重重困难，穿过南国雨林、沙漠、沼泽、高山等，前往北极寻找花仙子解救温室植物的故事，时长共约30分钟，通过活动和网络播放，受到了社会的肯定。

4.1.5 科普展品

经过多年的积累，目前已经收集和展出的植物展品超600件，大致可分为植物种子/果实、植物制品、植物化石、植物摄影/画作四大类。

1. 植物种子/果实类：通过园内收集、园外收集、采购交换等途径获得，目前已经整理出可供展出的植物种子/果实展品300余件（份），涵盖类群超过20个科。部分展品已在热带植物体验馆内展出，展示植物种子的特异形态、功能、对环境的适应以及传播方式等。

2. 植物制品类：目前已收集植物制品150余件，包括植物材料制作的工艺品、用具、风俗用品等，其中包括近100件（份）菩提子展品，部分展品已在辰山植物园1号门科普影厅门厅内的菩提子展上展出。此外还包括来自所罗门群岛的植物制乐器等较为珍贵的外国展品，用于文化、植物与人类关系等的展示。

3. 植物化石类：包括化石、琥珀等近40件/份，主要为采购获得的植物组织化石、包裹植物组织的琥珀以及硅化木等，化石年代涵盖泥盆纪至第四纪超过5亿年历史，包括古蕨类、古银杏、古槭树等多个植物类群，用于植物演化、古植物与现代植物对比等展示。

4. 植物摄影/画作类：主要来自捐赠、征集和项目合作，目前已收集全国生物多样性摄影展作品80件、兰花绘画作品60件、月季绘画作品60余件，其中兰花绘画作品已经进行了电子化。这些展品用于植物艺术、植物文化展览展示。

4.2 媒体传播

随着社会的发展和公众科学素养的提升，科学普及已经由居高临下的单向传播过程变成了科学共同体、政府组织、媒体、教育机构与公众之间的多向互动过程，由少数个人的事业变成了一项社会系统工程。用"多元、平等、开放、互动"的传播观念来理解科学、对待科学，实践真正的"科学普及"。

植物园可选择的科学普及渠道和平台非常多样，不仅可以借助植物园自身的场地设施条件、丰富的植物资源，科研、园艺和科普人才，以及自有的微信公众号、微博等媒体传播平台开展，还要充分利用各种公共传播渠道和平台，包括借助自然教育机构以及电视、报刊、互联网等社会资源，与国内外植物园、科普场馆一起，进行科学普及。

在利用各种公共资源尤其是媒体进行科学普及时首先要认识到，随着现代信息技术的发展、互联网和智能手机的普及，人类的生活方式发生了改变，传统的科学普及手段、传播渠道正发生巨大而深刻的变化。新媒体已成为大众，特别是年轻人获取资讯的重要手段。各行各业极为重视新媒体的传播价值，作为新媒体主要阵地的微信、微博、抖音、哔哩哔哩等，在传播速度和广度以及与读者互动的优势上，更是传统媒体无法比拟的。

为广泛实施科学普及工作，辰山植物园充分利用传统媒体和新媒体各自的优势，尤其重视互联网科学普及工作，借助互联网的海量数据收集和分析能力，开展线上公众需求调查，传播与公众需求相匹配的科学内容，尽可能做到精准科学普及，以期达到最佳传播效果。

4.2.1 传统媒体传播

传统媒体主要包括广播电台、电视、报刊、杂志等，具有一定的官方权威性，传播方向固定，但传播速度相对缓慢，与公众之间交流互动的机会相对较少。随着互联网技术的发展，传统媒体的发展受到一定冲击，但目前依然是国内科学普及的主要载体和平台（李英娜，2020）。

辰山植物园在2013年、2014年、2016年、2018年、2020年连续举办了5届"上海国际兰展"，吸引了数十个国家前来布展和交流。兰展开幕前，辰山植物园以媒体通气会的形式邀请到新华社、中国广告、中国旅游报、上海电视台、上海广播电台、解放日报、文汇报、新民晚报、新闻晨报以及澎湃新闻、中国新闻网、新华网等数十家媒体，进行花展信息及兰花相关科学知识和文化的宣传，取得了一定的传播成效。下面以2018年上海辰山植物园举办的第四届上海国际兰展为例，介绍植物园在举办兰花展的过程中借助传统媒体进行传播的一些具体做法和经验。

1. 户外电子屏广告

第四届上海国际兰展于2018年3月23日至4月8日举行。在兰展的个体花评比期间，辰山植物园与"上汽车享"开展合作，以奖励全场总冠军一台名爵汽车为引爆热点，在辰山植物园官微及各大媒体平台推送报道，并与合作方共享资源，在市中心来福士广场的户外大屏幕投放了15秒的兰展广告，为期两周，传播效果极佳。与此同时，还选择了上海虹桥火车站出发层 73 块数码高清液晶显示屏，一天滚动播放兰展海报 190 次，向长三角地区的居民推广上海国际兰展，树立兰展品牌。

2. 广播电台传播

第四届上海国际兰展定位为国际范儿、亲子游、科普三个方向，利用广播电台开展的宣传覆盖三大强势频率及专业古典音乐频率。辰山植物园在上海人民广播电台 AM 990/FM 93.4、FM 101.7、FM 947、FM 103.7 等频率进行硬广宣传片、广播以及主持人口播等方式的宣传；策划了 FM 103.7 "早安家族"植树活动，线上招募"早安新发现"口头传播；特别定制兰展宣传片在 Love Radio、上海新闻广播及经典 947 黄金点位滚动播放；还在"1057 新闻此刻"栏目由主持人逢整点播出兰展新闻。这些广播频率的听众较多，其中两个频率为音乐频率，听众以音乐爱好者为主。在"欢乐早高峰""欢乐晚高峰""汽车会说话""食在有味道"和"1057 车友俱乐部"等多档节目直播，听众可以参与互动赢取辰山植物园提供的奖品，前往辰山植物园线下观展。

同时，辰山植物园与 FM 105.7 交通频道深度合作，在该频道"整点报时""1057 声音穿越""上海你好"等热门栏目及黄金宣传点位滚动播出兰展消息。还与该频道合作推出了"极致探险——穿越云贵"探访野生兰花活动，辰山植物园两位专家跟随主持人团队前往云南和贵州，开启了为期 8 天的兰花寻访之旅。在探寻之旅全程，主持人用音频连线直播、视频直播及大片预告等方式，多方位、多角度展示了兰花野外生存现状及科考活动的重要性。

3. 电视媒体报道

国际兰展在东方卫视《看东方》、新闻综合频道黄金档《新闻报道》《新闻夜线》《上海早晨》以及松江电视台等电视媒体，分花展前期、中期和后期三个阶段进行有节奏的报道。比如在花展前期预热阶段，先后播出了"万株境外兰花抵沪参展　检验检疫开辟绿色通道""上海国际兰展开幕在即　万余株进口珍稀兰花陆续抵沪"等报道；花展中期高潮阶段，播出了"繁花朵朵艳压群芳　上海国际兰展总冠军诞生""第四届上海国际兰展：厄瓜多尔珍稀兰花盛放""网红猴面兰惊现上海国际兰展"等报道；花展后期总结回顾阶段，播出了"辰山植物园：赏花客激增 2 万　开辟新停车场"等报道，宣传效果显著。

4. 与媒体深度合作

第四届上海国际兰展期间，中国旅游报、解放日报、文汇报、新民晚报、新闻晨报等纸质媒体先后从不同的方面进行报道。此外，辰山植物园与解放日报深度合作了"生态文明与诗意生活——第四届上海国际兰展·辰山对话"讲坛活动，上海著名主持人曹可凡担任活动主持,《中国诗词大会》点评嘉宾蒙曼以及王慧敏、郁喆隽等学者嘉宾发表主旨演讲,嘉宾们结合各自的研究领域,与观众分享他们对兰花文化、自然生态以及对人生的思考。

随着传统媒体的转型发展,许多传统媒体也借助官方客户端、微信微博平台开展新闻报道,比如,上海国际兰展期间,新闻晨报除了通过报纸版面报道外,还在新闻晨报新浪官方微博发布了兰展视频,阅读量达到 60 万人次,新华社客户端的兰展报道阅读量为 5.5 万人次。

4.2.2 新媒体传播

互联网具备强大的数据收集和分析能力,能够及时有效地了解和反馈公众需求信息,以便科普人员能更精准地策划公众感兴趣的科普活动,最大限度地发挥科学普及功能;能把分散的科普资源聚集成强大的科普力量,把科学普及从少数人的职业变成公众的事业,推动着全民科普事业的发展(韦旭,2016)。

互联网无地域限制、门槛低、方便快捷和透明,易于被人们所接受。据中国互联网信息中心《中国互联网发展状况统计报告》显示,截至 2019 年 6 月,我国互联网普及率达到 61.2%,其中网民使用手机上网的比例达到 99.1%。

以互联网为依托的新媒体逐渐涌现,新媒体利用数字技术、网络技术,通过互联网、卫星等渠道,以及电脑、手机、数字电视机等终端,进行大众传媒和人际沟通。凭借着海量的内容、多种传播方式以及高效互动性的优势,迅速成为人们相互沟通和了解外界信息及知识的主要手段,也极大地拓宽了科学普及的社会影响力,快速而高效。随着新媒体技术的快速发展,社会信息的生产、传播与交换方式也发生了前所未有的改变,多元、平等、互动、参与已成为全球科学普及的新趋势(郑巍,2019)。

植物园科学普及借助的新媒体渠道主要包括各种网站、微博、微信、抖音及各种手机客户端 APP。借助互联网传播的多媒体特性,上海辰山植物园制作科普视频、动画和图文等科普内容,在各种新媒体渠道或平台上进行传播,提高公众对科学的兴趣,极大地扩大了植物园的科学普及影响力。

1. 网站传播

植物园的门户网站是公众全面了解植物园的主要窗口,各家植物园都有自己的门户网站。网站能够长时间地通过文字、图片和视频展示植物园的相关信息,让公众足不出户就可以自主了解,不受时间的限制,具有明显的直观性和便利性,但具有单向传播的特点,难以随时与公众进行实时互动交流,由此各个官方网站都在不断改版和完善。

2010 10 2020
上海辰山植物园十周年
THE 10ᵗʰ ANNIVERSARY OF CHENSHAN BOTANICAL GARDEN·SHANGHAI

图 4-3　辰山植物园官网首页（来源：上海辰山植物园）

辰山植物园官网（http://www.csnbgsh.cn）于 2010 年建立上线，分别于 2013 年和 2020 年根据需要全面改版（图 4-3），包含了园区概况、新闻动态、合作交流、科普教育、园林园艺、游园指南、游客互动、主题花展等重要内容，全面展示了辰山植物园的所有概况和实时动态变化，其中科普教育一级目录下还涵盖了科普场馆、科普展示、科普活动、科普天地、科普视频以及志愿者动态等内容，详细展示了植物园的科普特色资源和实时动态，已经成为公众了解植物园、获取植物相关知识的主要窗口，年点击量超过 40 万人次。

中国自然标本馆（http://www.cfh.ac.cn/，简称 CFH）是中国科学院植物研究所和上海辰山植物园利用互联网技术搭建的多样性数据平台，有中文和英文版本，网站倡导"人人参与、快乐互动，将地球变成活的标本馆"的理念，策划开发专业的植物物种名称和分类系统查询、植物调查管理、在线鉴定、物种编目、分站定制等功能，不仅展示植物知识，还让不同领域、不同层次的公众可以长期参与。目前已经积累了 1240 多万张野外植物图像数据，对全国 70% 的植物种类进行了拍摄和 GPS 定位，并收录了其他超过 50 个国家的植物图片数据，国内外注册用户 1.8 万户。基于这些信息精准的海量图片，衍生研制出了全球化、精准化、便利化的产品——人工智能植物识别软件"形色"，为面向公众的科学普及提供专业、易用的信息化支持。利用 CFH 平台及其庞大的数据库，"形色"人工智能引擎识别的物种数由 5000 种提高到 8000 种，识别率由 84% 提高到 92%，极大地解决了公众参与性低、植物物种鉴定准确率低、植物书籍资料使用不便利等难题，迅速得到了公众的广泛认可。公众只需拍照上传，即可了解物种名称及栽培养护、文化等多方面的知识。截至 2019 年 12 月，中国、北美和欧洲等地形色 APP 总用户超过 4000 万户，AI 鉴定日均近 100 万次。

多识植物百科（http://duocet.ibiodiversity.net/）于 2016 年 8 月开始试运营，是汇集植物学和植物文化知识的半专业数据库，旨在把这些知识以在线百科全书的方式编排在一起，从而为研究普及植物学和植物文化的各界人士及一般用户提供全面、系统、准确、权威、及时更新的植物知识。近四年来，多识植物百科上建设的主要特色内容，是整合了最新分类学研究成果和中国植物分类学界传统的世界维管植物科属名录，目前其编纂已接近完成。与该名录所用的分类系统相匹配的中国植物物种名录也在编撰之中。网站以 MediaWiki 软件架构在辰山植物园科研中心服务器上，截至 2019 年年底已有 3402 个条目，日平均访问量在 1500–2000 人次左右。

2. 微博传播

辰山植物园官方微博自 2011 年 4 月开通以来，围绕专业性、趣味性、互动性发布内容，向大众普及植物知识，传递植物研究的最新资讯，为广大植物爱好者和学生提供了一个学习植物知识、了解辰山发展的崭新平台。截至 2020 年 9 月底，辰山官方微博的粉丝数超过 57 万人（图 4-4）。

图 4-4　辰山植物园官方微博（来源：上海辰山植物园）

辰山官方微博在保证准确性、增强趣味性的同时，竭力打造亲民的、接地气的、值得大家信任的交流和服务平台。在发布内容上，围绕"植物"推陈出新，全年开设"辰山花讯""植物帮帮看""说植解字""美在辰山"等数个常态化的图文栏目。同时，结合植物园专类展览开设了"兰花漫谈""鸢尾品种""莲风荷韵""华东珍稀濒危植物"等专题性较强的栏目。

其中，互动性较强的栏目如"植物帮帮看"深受欢迎。该栏目解答粉丝们日常生活中遇到的植物鉴定和养护等问题，自上线以来，因为植物鉴定准确度较高，并且响应速度快，备受广大新浪微博粉丝们的喜爱，关注度和参与度不断提高。截至2020年10月，该栏目阅读次数7701.3万，参与互动反馈3.9万人次。#植物帮帮看#栏目在国内植物园中口口相传，具有较高的知名度。

利用微博进行科学普及的形式不仅限于图文展示植物种类多样性，还可用视频的形式成系统地介绍植物相关知识以及植物与人类的密切关系，比如"花的故事"系列科普视频和原创作品《辰小苗历险记》系列科普动画片，在腾讯视频、微博平台发布，浏览量上百万。

3. 微信传播

辰山植物园官方微信从2013年2月19日发布第一条消息以来，一直秉承"精研植物·爱传大众"的理念。截至2021年4月，粉丝数达到35万，逐步成长为国内相关领域粉丝数和阅读量最多的植物科普公众号之一。

辰山植物园的官方微信发布内容和功能主要聚焦于以下几部分：

（1）信息发布：花展信息、游玩攻略、开闭园通知、门票优惠等，以及会议通知、招聘发布等；

（2）美景推送：结合不同季节和不同花展，推送植物美景图片、视频等；

（3）活动报名：各种科普活动信息的发布和在线报名；

（4）植物科普：结合时节，推送植物的科普文章，普及植物学知识；

（5）后台互动：结合推文，解答读者的咨询。

同时，辰山植物园官方微信还增加了公众服务号后台的活动报名和缴费功能，读者可以通过扫描二维码，直接进入后台进行自主报名，并实时查看报名的进程。通过"微网站"，读者可以了解辰山的介绍、大事记、往期发布的信息以及各种美景和植物科普视频；"乐在辰山"可以帮助游客对园内特定植物进行延伸阅读，包括花、果以及趣味知识。

辰山植物园还借助微信平台设计建立了公众科普游园语音自助导览系统，进一步拓宽微信公众号的服务功能，实现微信自助科普导览、定位、上传图片、解答公众留言，开通了公众预约报名、有奖问答、问卷调查以及意见反馈等渠道，改变单向科学普及的弊端，增强与公众的互动性。

4. 抖音传播

抖音短视频软件具有"低门槛"特点，拍摄、美化、分享等环节都可以基于手机端操作完成，使用者没有学历、社会背景、职业等各类限制性要求。

抖音还具有"短时间"和"快速度"的特点，在短时间内与受众产生共鸣而"快传播"，抖音直播还通过实时评论具有较强的互动性。因此，凭借精准的受众定位和内容更新把控，抖音保持高速的品牌成长和扩散式的大规模传播，很快就吸引了人民日报、人民网、新华社等官方媒体的参与，极大地拓宽了抖音的定位，"官抖"开始在主流价值观传播中扮演重要角色（崔国鑫，2020）。

2018 年 6 月，辰山植物园开通"官抖"（账号：706174709），成为植物园系统利用官方抖音传播植物相关科学文化的先行者。截至 2021 年 4 月底，辰山植物园官方抖音粉丝关注数 2.1 万，先后发布短视频 89 部，开展"云赏花""家庭园艺"系列抖音直播 35 次，获赞数超过 10 万人次。

4.2.3 "融媒体"传播

"融媒体"不是一个独立的实体媒体，而是一个把广播、电视、互联网的优势互相整合，互为利用，使其功能、手段、价值得以全面提升的一种运作模式。"融媒体"传播充分发挥了传统媒体与新媒体的优势，既节省了人力物力资源，又使单一媒体的竞争力变为多媒体共同的竞争力，已经成为目前实施传播的主要形式。

目前，国内外各家植物园除了利用自有的线上传播平台，都在充分借助社会上的公共平台（如电视、广播、网络等多种媒体形式），开展更广泛的传播，最大程度地提高公众对植物的认知程度。

辰山植物园"全方位、立体式、分批次、全程跟踪"地开展形式多样、内容丰富的科学普及，下面以辰山樱花为例，介绍辰山植物园借助"融媒体"传播的具体做法。

案例：辰山樱花上微博热搜榜

樱花属于典型的春季观赏花木，满树繁英，极为灿烂，不仅拥有盛开时的绯云之美，又有凋落时的落英之凄。樱花花期短暂，一到时间，或粉红如霞，或粉白如雪，樱花花瓣纷纷随风飘落，场面十分壮观，人们感叹于樱花花期的短暂和花落时的壮美，赏樱逐渐成为世界性文化。

辰山植物园从 2007 年起，先后从日本、美国、荷兰及我国各地引种和展示樱花

图 4-5　辰山植物园河津樱大道（来源：沸点）

80 余种（含品种），花期从秋冬持续到整个春天，引种驯化后的樱花种植在 1 号门附近向阳的缓坡地上，展示区面积约 33000 平方米，重点打造了河津樱（图 4-5）和染井吉野樱（图 4-6）两条樱花大道，并对种植区域的土壤进行了全面改良和提升，营造出秋冬有花、早春有韵、阳春有景、晚春斑斓的樱花景观效果，花开时节，奏响春季生命韵律。

近年来，辰山通过传统媒体和融媒体传播等线上线下多种形式，传播樱花科学知识和赏樱文化，引起了公众的广泛关注，并且受到央媒和地方媒体的高度关注，中央电视台"花开中国"栏目从 2017 年起就开始播放辰山樱花，CCTV-13 央视新闻每年都会前来采拍报道。

2020 年早春，正值全民携手战疫这一特殊时期，人们全身心期盼着春的到来，辰山植物园 800 米的樱花大道适时灿烂绽放，似云如霞，漫步其中，恍若隔世般美好。因为疫情防控，辰山采取全面闭园措施，为了让市民足不出户就能赏花，植物园开启"云赏花"模式，通过十余场抖音直播，将园内的梅花、樱花等都通过"云端"直播和进行科学普及，为战疫中的人们送去浓浓的暖意，寄予胜利的希望，互动参与人数近十万人。

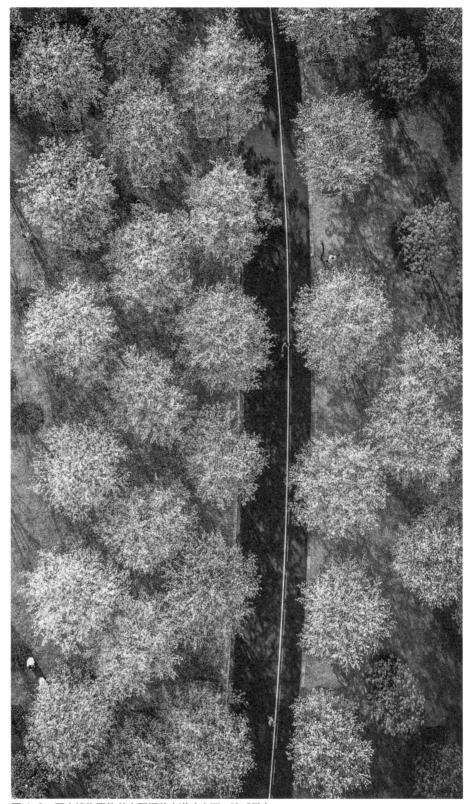

图 4-6　辰山植物园染井吉野樱花大道（来源：沈戚懿）

2020年2月22日，中央电视台以"早樱初绽俏争春"为题，在"共同战疫"之"长镜头直播 | 春耕"栏目进行直播，收看人数达到150万人次。2月23日，新闻晨报在新浪微博以 # 上海辰山云赏花 # 为话题开展讨论，乐游上海、绿色上海、上海静安等近20家官媒纷纷转发，阅读量达176万人次。2月25日，新华社来到辰山植物园进行采访和拍摄，视频上传后，新华网、澎湃新闻、人民网微博平台纷纷转发，短短数小时，仅新华网微博视频播放量就达到685万人次，"上海的樱花开了"微博阅读量达到3.1亿人次，讨论量5.1万人次，一度上了微博热搜的排名第六位，各项数据都创下了辰山"历史之最"（图4-7）。

#上海的樱花开了#

阅读3亿 讨论4.9万
主持人：新华网

导语：疫情不掩芳华，这两天，位于上海辰山植物园的早樱陆续开花绽放，樱花展示面积约6000平方米。...更多

置顶

新华网 [关注]
02-25 12:00 来自 微博 weibo.com

#治愈春天#【#上海的樱花开了#🌸】疫情不掩芳华，这两天，位于上海辰山植物园的早樱陆续开花绽放，樱花展示面积约6000平方米。受疫情影响，辰山植物园自1月24日起实行全面闭园。沾衣不湿樱花雨，满载春光灿烂的诗情画意，跟随记者的镜头来一场"云赏花"吧！ 新华网的微博视频

7986　　4918　　9万　　分享

图4-7 新华网对辰山植物园樱花开放进行报道（来源：上海辰山植物园）

4.3 科普活动

策划线下科普活动是一种传统、经典的科学普及方式（景佳等，2011）。《中华人民共和国科学技术普及法》中明确规定，科普是全社会的共同任务，社会各界都应当组织参加各类科普活动。

设计一个有主题、有特色的科普教育活动，需要基于三个重要的理念，即基于人群身心发展的特点、基于科普教育的特点和基于科普活动基地的特点（季娇等，2011）。不同年龄人群的身心特点不一样，需求不一样。

结合植物园丰富多样的特色资源，辰山植物园将公众分为幼儿、中小学生、成年人、亲子家庭等类群，并以青少年儿童为科学普及重点目标人群，活动策划和实施过程中强调打开人的五官，通过"看""听""嗅""摸""尝"来亲近自然，观察自然，从而发现和了解自然规律。

辰山植物园每年面向不同人群策划实施100余场不同主题的科普活动，每年吸引无数的市民前来赏花和参与活动，在植物园优美的环境中品尝科学的营养大餐，提升公民科学素养，成为大自然的守护者。经过十年的努力，辰山植物园的科学普及活动已经形成一定特色。

4.3.1　幼儿的自然体验活动

3–6岁的幼儿，对周边的一切事物充满好奇，但他们的语言表达和动手能力差，靠行动来认知，容易受外界环境的影响，容易情绪化，具有明显的感情依赖，爱玩是他们的天性，幼儿园的教育多以室内集体游戏为主，校外教育活动策划也多以五感体验和游戏互动为主，结合基地的特色资源实施，以作为幼儿园教育的有益补充。一般来说，父母对孩子的陪伴会随着孩子的年龄增长而减少，对于幼小的宝贝，父母们往往会给予更多的陪伴和悉心照顾，十分愿意在周末与孩子一起参加各种有益的校外教育活动。

植物园优美的自然环境和校外教育属性，吸引着无数年轻父母的关注。辰山植物园策划实施校外教育时充分考虑到幼儿及其年轻父母的身心特点和需求，策划了各种自然体验游戏、各种形式的绘画以及趣味竞赛活动，引导幼儿亲近自然、体验自然，而且通过亲子互动游戏增进亲子感情。幼儿在游戏中得到了语言、动手、交往等能力的提升，更获得了宝贵的感性体验。

1.　树叶手指画

这是树叶拼贴画和手指画完美结合的幼儿自然体验活动。在开阔优美的户外环境中，父母与幼儿一起在树下闻着花香，捡拾落叶，"摸一摸，这种叶片肉肉的！我们来做只小鸭吧！"，将树叶黏贴成各种各样的彩图，幼儿可以在上面各种涂抹，共同完成一副DIY作品带回家。活动过程中，不仅可以与自然亲密接触，还可以结识同龄的其他小伙伴，培养幼儿开朗、阳光的性格。

2.　宝宝坐王莲

王莲叶片因其特殊的结构而能够承受较大的重量，能托举起数十斤的重物而不下沉。夏末秋初的辰山植物园王莲池，水面上荡漾着无数"宝莲船"。

为了更加生动形象地展示王莲承重力大这一特点，辰山植物园策划开发了"宝宝坐王莲"活动，体重不超过30公斤的幼儿打扮得漂漂亮亮，体验王莲的承载力。在科普人员解读王莲"大力士"的秘密后，宝宝们在父母的帮助下，坐上半漂浮在水面的"宝莲船"，家长用相机定格这美好的亲子互动瞬间，成为孩子成长过程中最难忘的记忆。

为避免伤害王莲叶片，每年会控制参加活动的人数，近100组家庭能够参与体验这项活动。此外，2014年的睡莲展期间还举办了王莲承重力成人挑战赛，一名135斤重的爸爸在王莲叶片上站立了十多秒。

经过多年的实践和宣传，"宝宝坐王莲"活动已经成为辰山植物园特色科普品牌活动，受到无数亲子家庭的欢迎，每次报名都十分火爆（图4-8）。

图 4-8　辰山植物园"宝宝坐王莲"活动（来源：李凯）

3. 亲子快乐采摘

每到收获的夏秋季节，植物园的各种瓜果蔬菜，如无花果、甘薯、花生、毛豆、向日葵、葫芦、蛇瓜、老鼠瓜、神秘果等相继成熟，科普人员会组织亲子家庭前来采摘。优美的景观、舒适的气候，父母和宝贝们最开心的时刻，体验着自然的神奇和收获的喜悦。"花生的花开在地上，为什么果实会出现在地下呢？""向日葵花盘为何迎着太阳转动？"采摘的过程中，不少年轻父母也会提出这样的疑问。通过互动问答和解说，对自然的了解进一步加深，亲情也进一步升华。

4.3.2 中小学生的研学实践

无论是 7–12 岁的小学生、13–15 岁的初中生还是 16–18 岁的高中生，心理上和生理上都还处于成长阶段，他们勤于思考，勇于创新，乐于尝试和接受新鲜事物，是人一生中可塑性最强的阶段。加强青少年的科普教育，不仅仅是学校和家庭的责任，更是全社会的责任。

作为重要的校外教育基地，辰山植物园积极响应上海市教委和上海市青少年学生校外活动联席会议办公室的号召，充分发挥校外教育对校内教育的有益补充作用，结合植物园的优势资源，面向中小学生开展各类主题研学活动，受到上海市各中小学校的好评，被国家教育部评选为"全国中小学研学实践教育基地"，还被中国林学会列为"全国首批自然教育基地"。辰山植物园不断完善提升儿童科普教育实践能力，策划实施"辰山奇妙夜"科普夏/冬令营、小植物学家训练营（图 4–9）、"准科学家"培养计划等辰山特色研学综合实践活动，每年有数千名中小学生参加植物园的研学实践活动。

1. "辰山奇妙夜"科普夏/冬令营

自 2012 年起，辰山植物园开始策划实施"辰山奇妙夜"夏令营活动，以"亲近自然、发现自然之美"为主题。截至 2019 年年底，已成功举办 97 期，4000 余名儿童参加了"辰山奇妙夜"科普夏令营，活动深受亲子家庭欢迎和喜爱，孩子们不但玩得开心，学到丰富的自然知识，还锻炼了独立生活能力和团队合作意识。活动执行过程中还探索和形成了借助社会力量共同扩大影响力的良好的合作模式。集趣味性、知识性、探索性于一体的"辰山奇妙夜"夏令营已成为沪上及长三角地区最具有影响力的品牌科普活动（图 4–10），2016 年被纳入《全国科普教育基地优秀科普活动案例汇编》，部分课程被纳入北京求真科学营路线及杭州科学营等多个研学团队的研学旅行内容。

图 4-9　辰山植物园小植物学家训练营（来源：王凤英）

图 4-10　辰山奇妙夜夏令营（来源：王昕彦）

"辰山奇妙夜"夏令营面向 7–12 岁的小学生，在每年的 7–8 月暑期开展，时长 2 天 1 夜，活动主要内容有：①挥别父母，乘坐大巴，开启充满好奇的探险之旅；②破冰游戏，结识小伙伴，在自然游戏中团结协作，锻炼团队合作能力；③自然观察，夜观温室，标本制作，灯诱昆虫，爱上自然，成为少年博物学家；④4D 科普电影，矿坑探险，乘坐小火车，勇闯海盗船，种植采摘体验，签署环保宣言，感受自然神奇魅力，增强环保意识；⑤餐食能量补充，组内协作完成任务，整理睡袋和生活用品，锻炼生活自理能力；⑥成果分享，交流讨论，活动反馈，颁发挑战成功荣誉证书。

此外，在寒冷的冬季，辰山植物园也会策划组织辰山冬令营。这时的植物园草枯叶落，似乎有些萧条，但若仔细观察，便会发现枯枝落叶间的生机勃勃。捡拾果种、观鸟、观松鼠、观察树皮等也是不错的选择。放了寒假的孩子们或相约而来，或在父母的陪伴下一起来到植物园，品尝神秘果，观看 4D 科普影片，远足登上辰山，体验不一样的寒冬腊月。值得一提的是，百花盛开的展览温室绝对会给亲子家庭们带来惊喜。

2. "准科学家培养计划"研学项目

"准科学家培养计划"研学项目是辰山植物园与松江一中共同策划组织的一项重要合作项目，项目充分发挥辰山植物园特有的植物科研、园艺人才等资源优势，重点挑选对科学有强烈兴趣的学生，采用每个老师指导 3–4 名学生一个小课题的形式，通过探究性的科研小课题研究培养学生发现问题、设计实验和努力探索的科研意识，提高孩子们的创新性研究思维能力。

项目从 2017 年开始实施，在每年的 5–9 月开展，主要对象为初高中生，每年 20–40 名。主要过程为：①整合辰山植物园专家资源，导师和学生进行双向选择，确定选题方向；②查阅资料，掌握研究方法，熟悉仪器操作，分析实验数据，进行一对一辅导；③整理成论文，PPT 答辩，评选优秀论文，总结表彰；④指导参加上海市青少年科学创新大赛。

截至 2019 年年底，共有 76 名中学生参与了这个专题项目，完成的研究课题先后获得上海市青少年科学创新大赛多个奖项和多个"明日科技之星"荣誉。该项目为松江一中的学生提供了更多的学习机会，同时发挥了植物园助力学校培养研究型人才的科学普及功能，形成了校外研学基地和学校良好的长期合作模式。目前和上海师范大学第二附属中学也开展了类似合作。

3. 学校定制研学实践课程

植物园是各级各类学校作为衔接课堂内外的最佳教学实践基地，通过特色课程的定制与开发，能够成为理论与实践相结合的第二课堂。

作为全国中小学研学实践基地，辰山植物园在国家教育部研学项目的支持下，面向不同年龄段的中小学生策划研发了 30 余门植物相关主题的系列研学课程，上万名中小学生前来辰山植物园参与实施研学实践活动。摒弃传统的填鸭式教学方法，重点引导和培养孩子们的动手能力、团结合作能力、逻辑思维能力，掌握科学的研究方法。

4.3.3 成年人的互动活动

互动科普活动是植物园实施科学普及的最常用途径。辰山植物园近十年来一直在策划实施各种面向公众的科普活动，会邀请和组织园内的科研专家和园艺专业人才开展专题性科普活动。

根据前期的公众需求调研，80% 的公众（尤其是成年人）对植物园的科普讲座需求很大，尤其是对家庭养花等园艺技术的需求，希望来植物园放松心情的同时能学到更多的知识。2016 年起，辰山植物园与上海公园协会合作，开始实施园艺大讲坛植物专题公益科普讲座。互动讲座主题多样，主要结合当季开花植物，如"无花果的品种多样性与园艺栽培""如何家养月季""餐桌上的水生植物"等，内容丰富，涉及植物文化、品种多样性、植物种植、趣味手工、果蔬采摘等方方面面，以满足不同园艺爱好者对植物相关知识及植物栽培养护技术的需求。截至 2020 年，先后开展了近百场园艺讲座，深受市民喜爱。

4.3.4 科普志愿者的培训和管理

随着人们生活水平的提高，越来越多的人有了更多的空闲时间，开始追求自己愿意做的事，在服务社会的过程中体现自我价值。为了将专业的自然科学知识传递给更多的游客，植物园每年都会招募和培训一支精干的科普志愿者队伍，通过有计划的专业培训和实践，提高科普志愿者的科学素养和讲解技能，以更多元化的科普服务于广大市民游客，共同传播科学思想和绿色健康的生活理念。

在了解植物园主题花卉导赏和科普活动辅助需求后，辰山植物园策划了一套科普志愿者招募、培训和开展志愿服务的完整方案。经过招募挑选的科普志愿者会组建单独的微信交流群，植物园工作人员平时会上传相关的科普材料供志愿者们学习，志愿者们也可以随时提问请教，如此形成良好的学习交流氛围，促进大家的共同提高。

植物园根据科普志愿者的身心特点、专业背景和主观意愿等，将志愿者分成课程策划组、活动辅助组以及花卉导赏组，进行不同内容的培训，包括植物形态和分类的基础知识、特色植物类群介绍（温室植物＋濒危植物＋芳香药用植物＋当季开花植物）、科普讲解技能培训、园内植物解说系统及现场解说实践培训、植物园科普活动介绍和课程策划培训等。

经过培训合格的科普志愿者会根据植物园的需求来为公众提供科普服务，主要服务内容包括导览解说（主题花展、时令开花植物、专题场馆等）、科普活动辅助（材料准备、实验操作辅导、后勤

图4-11　科普志愿者在自然嘉年华活动中（来源：上海辰山植物园）

保障等）、科普课程策划实施（创意策划、方案讨论、课程实施等），以及游客问卷反馈（需求调研、意见反馈调研）等，一般在周末和节假日开展，植物园为科普志愿者提供午餐、交通补贴等。

经过专业培训，科普志愿者每年为植物园提供科普辅助服务300余次，不仅有效地缓解了植物园科普专业人员不足的压力，满足了更多游客的科普需求，更重要的是培养锻炼了一批热心公益的科学普及志愿者队伍，扩大了植物园科学普及的社会影响力（图4-11）。

4.3.5　国内外科技人员的专业培训

植物园的科学普及不仅仅面向园内游客开展科普活动，还会走出去，进学校、进社区开展更广泛意义的科学普及，此外还组织召开国内外中小学科学老师、植物园和博物馆等科技工作者的科学普及经验交流会。此外，辰山植物园还是国内多所大学的植物学和植物园景观设计实习场所。为了做好这类专业培训，辰山植物园组建了一支覆盖上海当地、全国植物学领域和"一带一路"沿线国家的多层次国际化教育培训团队，形成了一系列培训课程，举办全国植物分类培训班、发展中国家植物园发展与管理培训班等，培训科学普及人才，共同提高科学普及水平，促进全民科学素养的提升。

1.　指导生物学专业的大学生进行野外实习

自2016年以来，辰山植物园已连续4年为上海科技大学生物学专业的学生开设野外综合实习，通过将系统的理论学习和野外实践、开放性课题、小组汇报与知识竞赛、个人总结等相结合，提升学生的专业能力。课程涵盖植物分类学、植物生态学、自然摄影、生物多样性保护等领域，如"改变我们生活的植物""生态学基础""什么是植物？""植物拉丁学名与中文名介绍""常见植物识别与鉴定""生物系统学基础与常见动物分类识别""自然摄影技术"，培养学生对生命科学的兴趣，促进学生掌握和巩固植物学、园艺学、生态学等基础知识，提高他们运用前沿技术从事野外工作的技

能，从而从理性和感性两个方面认识人类与自然环境的相互关系，更深刻理解现代生命科学重要的现实意义。经过两年的实践，目前共有 155 位本科生选修了本门课程。

此外，还为中南林业科技大学、湖南科技大学、浙江大学、东华大学等多所高校提供实习场地和科学普及服务。

2. 科普服务于长三角地区

辰山植物园不仅注重植物园内的科学普及，还积极践行"科普走出去"战略。"基于宁波植物园的科普教育体验研发与实施"是辰山植物园科学普及服务于长三角的主要体现。

2019 年 11–12 月，宁波植物园举办"钟观光科普月"期间，辰山植物园给予了大力支持和协助，为宁波植物园设计、策划了多个活动，出动讲师 10 余人次，将多门研学课程带入宁波植物园。在整个"钟观光科普月"期间，开展了"植物色彩的秘密""植物的旅行""植物猎人""你认识淀粉吗""香料植物""珍稀濒危植物"等研学课程，科普团队以专业但又浅显易懂的语言、丰富的实验实践，不仅为宁波及周边的中小学生和市民带去了丰富的科普大餐，还为宁波植物园培训科普人员 2 名，实现了植物园可持续的科学普及。

辰山植物园在课程活动输出、科普人员培养、异地共建、资源互通等方面进行了多样的尝试和实践，在圆满完成活动课程项目的同时积累了众多经验，有助于未来科普进一步"走出去"，将更多的辰山科普活动、课程、教育体系带给更多单位，共同提升科普能级，为提升华东乃至全国科学普及水平贡献一份力量。

3. 全国植物分类与鉴定培训

辰山植物园 2012 年起就开始举办植物学专业培训班，2013 年开始与中国植物园联盟合作共同举办，从最初仅在佘山、天马山野外考察，到开赴天目山，再到 2019 年离开华东开启华北大合作，经过多年的探索和努力，形成了从前期动员、文案策划、学员招募、教材编制，到教学实施、培训评价与反馈一整套成熟的运作模式，已成为国内最具特色、最具影响力的植物分类培训班。

以 2019 年植物分类与鉴定培训班为例，培训为期 2 周，直接在保护区内授课，总课时 130 学时，系统学习植物分类学的基本理论和专业原理，掌握植物分类学研究的常用方法和基础知识；通过野外实习与标本采集、制作与鉴定相结合，提高学员的植物分类鉴定能力和技巧；介绍植物分类学相关学科国内外最新进展和发展趋势，普及实用信息化采集和调查工具；为植物园、高校及自然教育等机构培养热爱植物分类、生物多样性保护的一线技术骨干。培训关注前沿、注重实践、锤炼身心，被历届学员称为"魔鬼训练营"，也因此被冠以"黄埔级"植物分类与鉴定培训班的称号。

4. 植物园发展与管理国际培训

植物园发展与管理国际培训班是辰山植物园自主开办的公益科学普及培训班，主要面向发展中国家的植物园管理人员开展，邀请国内外知名植物园园长或高层、专家教授及辰山资深员工等数十位教师，教授"植物园的任务和发展""植物展览：概念和实施""花卉产品设计和花境设计""科普理论与实践""标本馆管理和种子库"等理论课程；参观学习辰山植物园睡莲展示和养护、展览温室管理、标本馆管理、活植物信息管理、城市绿化技术、儿童园建设、植物采集和标本制作等实践内容；还走出辰山植物园，赴上海及周边的知名园林景区，如上海自然博物馆、上海植物园以及桃源里自然教育中心等地交流学习；培训班会安排学员们身着民族服饰，展示各自民族特色植物、音乐和舞蹈，亲手烹制特色美食，分享各国纪念品，与园内游客面对面交流，介绍各国文化。这种国际民族植物学展已成为本培训班的特色和亮点，吸引了来自"一带一路"国家的众多植物专业志愿者参与培训、翻译等志愿活动。

植物园发展与管理国际培训班从 2016 年开始，已连续成功举办 4 届，截至 2019 年年底，共培训了阿塞拜疆、孟加拉国、柬埔寨、埃及、格鲁吉亚、印度尼西亚、吉尔吉斯斯坦、老挝、马来西亚、缅甸、巴基斯坦、泰国等 21 个发展中国家的 37 个机构 61 名学员，不仅为各发展中国家植物园培养了人才，拓宽了他们的视野，还促进了辰山植物园与各发展中国家植物园和科研机构的合作。目前辰山植物园已经与海地植物园、越南国家林业大学、巴基斯坦伊斯兰堡真纳大学、巴基斯坦信德大学、孟加拉国植物保育和研究基金会签订了合作协议。

4.4 上海辰山植物园的科学普及体系框架

植物园在长期的建设和实践发展过程中，会逐渐形成各具特色的制度和体系。辰山植物园以"国内一流，国际领先"为建园目标，以"精研植物·爱传大众"为使命，组建了一支由十余人组成的科学普及团队，学习国内外先进教育理念，利用上海辰山植物园特色优势，将科普内容策划实施和科普设施建设有机融合，努力面向不同年龄的人群建立和完善具有辰山特色且可广泛推广的科学普及体系（图 4-12）。

基于这一趋于完善的科学普及体系，辰山植物园不仅被评为"优秀全国科普教育基地""上海市青少年科学创新实践点"，还获评为教育部"全国中小学研学实践教育基地"、中国林学会"全国首批自然教育基地"和上海林学会"自然教育基地"。

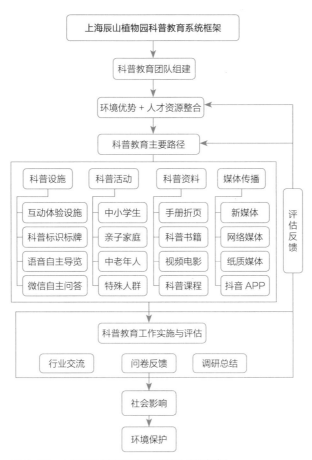

图 4-12　上海辰山植物园的科学普及体系框架

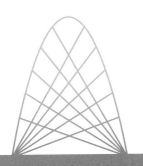

第 5 章
植物园的科普评估

科普评估是用来判断科普活动成效的一种方式。在科普活动开展的之前、之中或者之后，我们需要对开展科普活动投入的资源、执行的过程、活动的结果以及对参与者的影响等进行数据的收集、分析和解读，并以此作为进一步完善科普活动的依据，这被称为科普评估。

根据不同的数据资料收集方法，评估方式可以分成定量研究和定性研究，两种方式各有优势和不足，为达到最佳的评估效果，也可以共同使用。

长期以来，植物园的科学普及工作注重活动的组织及以科普运营为主的数据统计，但较少开展评估工作，特别是对科普活动效果的评估较为薄弱，这一领域亟待加强。

5.1　为什么我们需要评估

生物多样性保护离不开公众的支持，植物园开展科学普及活动的最终目的是为了让公众理解植物及其生态系统，并通过改变自己的行为来改善环境（周儒，2013）。那么，当植物园在设计、实施科学普及活动的时候，就需要考量是否达到了上述目标，以及如何才能够达到预期目标。

比如说，英国的一个植物园为了了解参观植物园是否会提高学生对植物的认知，要求学生在访问之前和访问之后分别画出叶子的形状和叶脉的分布，结果发现，在学生来访前所画的树叶形状单一，画出叶脉的学生寥寥无几；而在访问之后，画出的树叶形状多种多样，而且很多学生清晰地勾勒出了叶脉的分布情况，这说明植物园的短暂访问经历确实可以促进学生对植物的认知（翟俊卿，2013）。

尽管植物对人类是非常重要，但在现实生活中，植物恰恰是被公众所忽略的一个类群。有很多针对中小学生的研究都表明，孩子们更喜欢动物，而非植物，这和孩子们的年龄、居住地和性别关系都不大。学者们在上生物课的时候，也更喜欢举动物而非植物的例子。世界上被研究得最彻底的物种都是一些大型哺乳动物，比如熊猫、大象、老虎、狮子等，很多植物都缺乏相应的研究。相应地，植物保护所获得的资金，也远远低于动物保护。1998年，美国的植物学家詹姆斯·H. 万德斯（James H. Wandersee）和伊丽莎白·E. 舒斯勒（Elisabeth E. Schussler）就这些现象提出"植物盲"的概念。"植物盲"普遍存在以下特点：对身边的植物视而不见；没有认识到植物在生态系统和人类生活中的重要性；不能够欣赏植物的美学和生物学特征；错误的人类中心主义，认为植物不如动物，不值得人类关注等（Wandersee & Schussler，1999）。

对于如何改变"植物盲"这一现象，许多研究者提出了针对性的建议，包括：给予植物一个社会身份，比如说很多土著会把植物当成家庭成员或者在宗教里拥有特殊地位；在科普教育工作中，强调人类对植物的同理心会有效加强人与自然的连接；将植物拟人化也会增强人类对植物的情感（Balding & Williams，2016）。

无论是把植物当作家庭成员、增强同理心，还是赋予植物人的特点，都要靠增加孩子和植物的直接接触机会来实现。类似触摸植物、种植蔬菜、开展自然笔记或者制作树叶画等活动，在培养孩子对植物的正向态度和行为上都是非常重要的。世界上许多植物园都在开展可食用植物的种植活动；校园里开展"校园花园"建设；社区通过建设社区花园的方式鼓励公众参与等，这些都被证明对解决"植物盲"是非常有效的。

在中国科学院西双版纳热带植物园的一项研究中，向游客赠送了一张"探索地图"，上面标注了10种精心挑选的植物在植物园中的位置，并对这些植物的特点进行了介绍。结果发现，使用了探索地图游览植物园的游客，在植物园知识上的得分，显著高于没有使用探索地图的游客（Yang & Chen，2017）。为什么会有这种差异呢？通过无差别观察实验发现，使用了探索地图的游客，会在植物园中花费更多的时间，并对植物和植物标牌有更多的关注。因为探索地图在植物园游览过程中的使用激发了游客自主学习的行为，游客因此获得了更多的植物园知识。该项研究建议，设计印发探索地图，在植物园中是一种简单易行、节省人力，同时又具有显著教育效果的方法，值得在广大植物园中推广。但是要达到教育效果，需要配合植物园的解说牌、博物馆、展览等其他环境教育设施，使得游客更加积极地学习，获取植物园所提供的知识和教育信息。

辰山植物园在长期的科普实践中发现，由于植物园面积较大，植物数量过多，对缺乏植物基础知识的游客来说，游览过程中很容易出现审美疲劳，因此在提高公众吸引力上，提出4个策略拉近游客和植物的距离：①关注游客切身感受；②做好植物代言人，充分挖掘植物的特征；③注重启发式科普解说；④引导公众采用笔记等形式进行更细致的观察（图5-1）。这些措施会有效地提升游客对植物的关注度（何祖霞，2018）。

这些案例都说明，对植物园的科学普及工作开展正式的评估，并将结果应用于实践，将有利于植物园更好地实现其各项目标。

图5-1　学生在完成任务单（来源：沈戚懿）

5.2 评估的基本方法

要开展评估工作就需要搜集数据。根据评估的目的，可以有不同的数据资料搜集手段和方式，主要分两类，即定量研究和定性研究。

简单来说，定量研究是从数量上进行研究的方法，往往采取数理统计和概率论的方式，将问题与现象用数量来表示，进而用数学的工具对事物进行数量的分析、考验、解释，从而获得有意义的研究方法和过程。

定性研究是从性质上进行研究的一种方法，采用的则是集合论和逻辑学的方式。定性研究不要求具有统计学的意义，是在一群小规模、精心挑选的样本个体中的研究。研究者需要凭借自身的经验、敏感以及相关的技术，运用历史回顾、文献分析、访谈、观察等方法获得资料，用非量化的手段揭示研究对象的行为和动机。

科学研究的核心是寻找因果关系。定量和定性都是科学研究的方式，如果说定量研究侧重解决"是什么"的问题，定性研究则侧重解决"为什么"的问题。两者可以根据需求混合使用，以求评估的客观完整。

5.2.1 需求调查与分析

游客需求调查与分析是评估工作开展的基础。为更好地服务游客需求，世界上很多植物园都开展过游客到访植物园动机的调查。如针对英国游客游览植物园的调查发现，游客来植物园的主要原因是为了欣赏罕见、美丽的植物，观赏植物园美景，享受户外运动等（Ballantyne et al.，2008）。针对中国植物园游客游览动机的调查也发现，"亲近自然"是游客游览植物园的普遍动机，其次是"放松身心"和"欣赏美景"（贺赫等，2011）。值得注意的是，大多数研究都表明，增长知识不是人们参观植物园的主要动机。那么，植物园的科普工作该如何针对这样的游客需求而设计就显得极为重要。这也是为什么全世界的植物园都会开展大量的花展（图 5-2）和其他诸如音乐会、雕塑展、自然嘉年华等主题活动，来满足游客的休闲需求。

时代在发展，游客的需求也在不停的变化。2017 年，辰山植物园在国际月季展举办之前，为了更好地服务游客，满足游客对月季展的需求，开展了游客需求调研，为园方科学办展提供参考依据。一是线上调研，利用问卷星在官方微博和微信上发布，进行游客意见的快速搜集。二是线下调研，针对不经常上网的中老年人，以及没有关注过或听说过辰山植物园的市民，招募 22 名学生志愿者，在地铁沿线能停留下来的场地开展线下调研，弥补线上调研的盲点，尽可能得到更科学客观的调研结果。三是组织调研，在月季展期间与当地村镇、周边高校联系，组织学生、老年人、年轻白领

图 5-2　上海辰山植物园的月季展（来源：沈戚懿）

等不同身份的百余人参与游园体验，让他们在游园过程中配合园方完成调研，提出相关需求建议。

调研共发放问卷 13000 份，回收问卷 12500 份，回收率 96.2%，有效问卷 12206 份，占比 93.9%。提出建议问卷 821 份，占比 6.3%，主要集中在餐饮、游客服务、主题活动、票务、纪念品、科普游园、园艺景观等方面。

根据调研结果，辰山植物园在月季展筹备期间，对相应的服务和设施进行了完善和提升。一是完善园区基础配套设施。为解决花展期间观光游览车乘车难、运力不够等问题，对观光游览车运营线路及站点进行了规划调整，避开了人流密集区域，确保行车安全，提高了运营能力，在花展试运营期间收效显著。对园区一级园路进行了道路划线，使人行道与车行道进行分隔，提高道路利用率，同时设置若干警示标志、提示标语及符号等，减少或防止园内交通事故发生，确保游客游园安全。在 1 号门游客大厅内新增地标引导，指引游客售检票、入园、咨询等，避免人流对冲，进一步完善全园导向系统。二是提高市集服务品质。在美食市集内引入必胜客、东方既白、德克士、爱茜茜里等 13 家品牌餐饮企业，为游客提供更多的餐饮选择，满足不同消费层次的游客需求。在 2 号门绿色餐厅内引入了伊诺咖啡、开心丽果、如意馄饨、米棒饭团等品牌餐饮，进一步提高餐饮服务品质，受到游客欢迎。整个花展期间来园游客对整体餐饮品质及服务评价较高，在大众点评、游客满意度调查中对餐饮的不满明显减少。在 1 号门及 2 号门外开设月季市集，引入沃施园艺、安娜玫瑰园、花野仙踪等花艺公司为游客提供月季盆栽及月季鲜切花展销服务。在"爱情小镇"内，以招商引资等形式打造小镇市集，为游客提供旅游纪念品销售及品牌展销，提升游客购物体验。三是创新志愿者讲解形式。除延续了往届花展中的党员及学生志愿者讲解外，该届月季展首次推出上海辰山老年志愿者服务队，这是一支由 63 人组建的平均年龄在 63 岁的老年志愿讲解服务团队，他们以高度的责任心、饱满的精气神，在月季展期间为来园游客提供秩序维护、引导讲解等服务，累计提供志愿讲解服务 288 人次，服务时间 2304 小时，获得游客及园方的一致好评。

5.2.2 投入与产出比

投入与产出比的分析原本是一种商业概念，适用于项目的经济效果评价指标，其值越小，表明经济效果越好。在科普教育中，常用于科普活动运营的评估，特别是大型主题活动的评估，主要原因是大型主题活动的投入资金和人力较大，是否达到预期的经济效益和社会效益，是植物园管理者特别需要考虑的问题。衡量的指标，往往是大型活动期间带来的入园人数、媒体报道的覆盖面、游客满意度等，以及由门票、餐饮等服务带来的收入。投入产出比的考量是决定大型主题活动能否持续举办的重要因素。

以辰山植物园 2017 年国际月季展为例。从国际影响力上来看，该展有德国、法国、加拿大、美国、英国和荷兰 6 个国家参与设计布展，代表了国际月季展的较高水平；召开了以"月季资源的创新与应用"为主题的 2017 国际月季研讨会，11 位国内外权威专家学者分享了 17 场学术报告，在育种、栽培、园艺、文化等方面进行了交流，分享了月季花研究和应用的最新国际动态，为提升月季园的建设水平，促进全球月季产业的快速发展和展示应用提供了国际交流平台。

从传播覆盖面来看，包括上海日报、解放日报、文汇报、新华社、上海电视台在内等 42 家媒体在传统媒体（电视、广播、报纸）上共报道 40 余次，在新媒体（微信、网站）上共报道 80 余次。月季展期间微博新增粉丝数 5000 人，发布与月季展有关的微博 59 条，阅读数共计 136 万人次，其中 11 条微博阅读数超过 50000 人次。微信新增粉丝数 3000 人，与月季展有关的微信阅读数共计 100000 人次，月季展期间微信在全上海 46 家景点单位排名前五，月季展品牌形象及社会效益得到进一步提升。

从参观人数看，月季展期间，累计接待游客15万人次以上，其中包括多批海内外重要嘉宾，如全国政协人口资源环境委员会副主任、中国花卉协会会长江泽慧，外交部参赞、中国花卉协会副会长乐爱妹，上海市政府副市长陈寅，世界月季联合会主席凯文·特里姆普（Kelvin Trimper）等领导和专家，进一步提升了上海旅游品牌形象。此外，月季展期间，总营业收入528万余元，取得了较好的经济效益。

从以上的数字可以看出，2017年月季展无论在社会效益还是经济效益上，都相当成功。

5.2.3　科普活动的效果评估

除了为满足科普活动运营而进行的需求调查和投入产出比分析之外，科普活动开展之后的效果评估也是植物园科学普及评估的重要内容。

经过长期的发展，效果评估的研究领域逐步形成了一些规范、通用的资料搜集方法，其中比较常用的包括测验法、访谈法、问卷调查、焦点小组和观察法等（Leedy & Ormrod，2005），下面逐一进行介绍。

1. 测验法

说起测验也是一种评估方式，很多人可能会恍然大悟：原来我们早就接触了评估。我们从小就经历的各种考试，其实就是一种评估学习效果的方法，它也完全可以被用于植物园科学普及工作中。

测验是一种测量知识掌握程度的有效方法。如果在活动开始前和开始后分别进行检测，再进行对比，就能很清楚地了解参与者活动前后在知识层面的变化，进而看出活动效果，这被称为"前测"和"后测"。

尽管测验被大量运用到知识层面的评估，事实上也可以进行态度、技能甚至行为上的评估。比如在全球范围内使用最广泛的环境态度测量工具——新生态范式（New Ecological Paradigm Scale，简称"NEP量表"），就可以看成是一种对环境态度的测验（吴灵琼等，2017）。

当然，植物园科普活动的评估并不等同于学校里的考试，因此在题目设置上，应该尽量的简单、清楚，毕竟测量的目标是知识而非参与者的阅读能力。

2. 访谈

访谈是一种面对面的提问。从植物园科普活动的角度来看，访谈的基本内容一般可包括三个方面：

（1）关于这个活动，你最喜欢的部分是什么？

（2）关于这个活动，你最不喜欢的部分是什么？

（3）如果让你来改进这个活动，你有什么建议？

这种评估方式，可以使研究者及时获得项目的反馈，并且研究者可以根据受访者的回答，深入询问一些细节问题，进而获得更加详细、准确的信息。

访谈的对象可以很宽泛，比如，对来植物园参加科普活动的学生团体，除了访谈学生之外，还可以访谈学生的家长、组织学生前来的老师、策划活动的科普工作者等，以获得更加全面的信息。

访谈一般又可以分成结构式访谈和半结构式访谈。结构式访谈的标准化程度很高，对接受访问的人必须按照统一的标准和方法选取，访问的过程也是高度标准化的，即对所有被访问者提出的问题、提问的次序和方式，以及对被访者回答的记录方式等是完全统一的。结构式访谈常常用于大规模的社会调查，它的最大优点是访问结果方便量化，可作统计分析。

而半结构式访谈则没有如此标准化，又被称为引导式访谈，是一种按照一个粗线条式的访谈提纲而进行的非正式访谈。该方法对访谈对象的条件、所要询问的问题等只有一个粗略的基本要求，访谈者可以根据访谈时的实际情况灵活地做出必要的调整，至于提问的方式和顺序、访谈对象回答的方式、访谈记录的方式和访谈的时间、地点等没有具体的要求，由访谈者根据情况灵活处理。半结构式访谈在受访者数量上没有特别高的要求，更注重找对合适的受访者，因此适合植物园用此方法开展小范围的评估工作。

3. 问卷调查

问卷调查是我们目前接触得非常多的一种评估方式。它主要是指通过制定封闭式问卷，要求被调查者据此进行回答以收集资料的方法，特别是现在网络发达，也有专门提供网络问卷服务的网站，如"问卷星"。问卷有利于研究者短时间内搜集大量的资料，属于典型的定量研究。

好的问卷才能获得好的结果，因此如何设计问卷是一门学问。例如，问题需要明确清晰，不能让人有歧义；一次只问一个问题；尽量使用正向的语句，避免误读；问题的选项不能重叠，比如 10–16 岁，下一个选项就不能是 16–20 岁，而是 17–20 岁；通常使用 3 点量表（同意、中立、不同意）或者 5 点量表（非常同意、同意、中立、不同意、非常不同意），等等。

问卷正式发放之前通常需要进行"预实验"，确保问卷的信度和效度。

但由于问卷答题人的不可控性强，因此往往需要有足够多的样本，以减少样本量太少带来的偏差；同时对某些较为复杂的内容，问卷调查往往难以触及。

4. 焦点小组

焦点小组，也称为焦点团体，是由一个主持人（通常是研究者本人，也可以是具有较强沟通技巧的协助者）以一种半结构的形式与一个小组的被调查者（通常为7-12人）交谈。焦点小组访谈的主要目的，是通过倾听一组有代表性的参与者面对面的交流，获取对某些问题的深入了解。这种方法的价值在于常常可以从自由进行的小组讨论中得到一些意想不到的发现。

值得注意的是，开展焦点小组访谈的目的不是为了达成共识，而是了解对方的立场、观点和态度。因此，主持人需要以开放的心态和娴熟的技巧去引导参与者分享其观点。正是因为这个特征，焦点小组访谈可以用在不同的场合。比如，如果你想设计一份问卷，可以用焦点小组的方式来了解大家的需求和想法；如果你想评估一次具体的活动，则可以在活动之后要求部分参与者来参加焦点小组，这样可以快速地搜集所需要的反馈。

邀请参加焦点小组的人应该具有一定的代表性，比如年龄、职业或者爱好等。主持人在焦点小组访谈中的作用非常重要，需要控制好时间、说清楚讨论的目的，引导讨论持续有效地进行，并在讨论的过程中，能够引导沉默者发言，减少个别人占用太多时间，甚至能够调解有争议的议题。

5. 观察法

观察法是通过观察活动的参与者行为表现以及和教学者之间的互动来评估活动效果的一种方式。

观察法适合评估参与者的行为。尽管观察法适合所有的年龄段，但特别适合对低龄儿童进行评估，因为对低龄儿童基本无法进行问卷调查、焦点团体、测试或者深入的访谈，而此时观察他们的行为则是一种有效的手段。

初学者可能对观察什么样的内容感到困惑。简单来说，观察参与者在参与活动的过程中做了什么是观察的重点内容，比如，参与者提问的次数、参与者在展板前停留的时间、孩子和父母进行的亲子互动频率等等，甚至可以观察参与者经常做什么和没有做什么（图5-3）。具体的观察内容可以根据所需要评估的活动来决定，制定一份观察清单。

观察法在博物馆教育的评估中应用得较为成熟（翟俊卿等，2015），但随着当前植物园越来越成为很多亲子家庭活动或者学校有组织户外活动的场所，很值得在植物园开展观察法的评估。对儿童行为的观察如果能够和对家长（或者引导者）的访谈结合起来，会有更好的效果。

可以用作资料搜集的评估方法还有很多，比如文献检索法、档案分析法、案例研究，等等，都可以根据具体的需求来决定采用何种方法，比如针对低龄儿童的绘画评估法也较为适用。辰山植物园的科普工作人员曾经利用绘画来了解参加"辰山奇妙夜夏令营"前后儿童在植物知识层面的变化，发现52%的儿童在参加完夏令营之后，能够更准确地写出植物的名称，如百岁兰、旅人蕉、王莲等；涂绘植物的色彩更加丰富，如用不同的色彩涂绘植物的花瓣、花蕊和叶子；对植物的细节描绘得更加突出，可以很容易地辨识植物种类等（王西敏等，2020）。

实施上述评估方法的目的是满足评估的需求，而不是相反。一旦方法确定，就会有相应测量工具的发展和运用，很难说哪一种方法就一定比别的方法要好。多样的方法和数据的获取方式，是让评估工作客观有效的保证。

5.3 植物园科普评估的展望

经过多年的发展，中国植物园的科学普及工作已经走上良性循环的轨道，无论是科普专业人才的配备、科普活动的组织还是经费保障，都在世界植物园

图 5-3　攀树活动很适合观察亲子家庭的互动
（来源：李凯）

领域日益显现出重要的地位。每年举办的中国植物园学术年会上，都可以看到大量植物园科普教育案例。可以说，在科普活动的数量、内容丰富度、形式多样性等方面，中国植物园所取得的成就在国际植物园领域都可圈可点。

然而，国内植物园科学普及效果研究与国外植物园相比还存在明显差距。大量的科普活动没有进行相关效果评估，相当多植物园的科普工作介绍，还是停留在举办了多少场次的活动、参加的人群数量、获得的媒体报道数等以科普运营为主的产出统计

上，而针对受众的影响效果评估较少。

纵观国际上基于植物开展的科普研究工作，我们能看到一些变化。早期许多关于科普教育的研究集中在活动对改变个体环境行为的有效性上。这种方法是建立在一种假设基础上的，即知识、意识、态度和环境行为之间存在简单的线性关系，一旦公众了解了更多的知识，包括植物知识，会影响其之后的行为变化。然而，很多来自社会心理学的研究证实这种假设是不完善的，它过于简单化的理解了人的行为受影响变化的过程。

现在的研究中，人们更加重视了解个人和社区的学习过程，以及解决复杂的社会生态问题所需的能力，也更加重视如何更好地理解人们对环境问题的认知和情感反应（Wals et al.，2014）。比如关于"重要生命经验"的研究发现，儿童时期在自然中玩耍的经验具有特别重要的意义。此外，身边有具有榜样作用的成年人、大学阶段参与过环保组织的志愿服务也具有很大的影响力。与此同时，也有研究证明，经历过环境破坏事件也会促使一部分人更加关注环境问题（Li & Chen，2015）。

这样的研究将对实践产生良好的正向作用（Jacobson et al.，2006）。苏州大学科学传播学者贾鹤鹏说，"当整个领域有了大量有关效果研究的积累，科学传播工作者就不需要在每个项目上都考虑自己具体的受众是如何被影响的，而是直接援引（甚至是本能性地采纳）既有的认识来形成自己的传播方案"（贾鹤鹏，2019）。欧美发达国家，长期的学术积累已经达到了促进科学普及实践的良性循环阶段。

这反过来也说明中国植物园科学普及有非常好的发展空间。从当前国际植物园科学普及研究领域的发展趋势来看，中国植物园的科普研究工作，可以按照两个层面推进。

第一个层面，以当前开展的大量科普活动为案例，进行效果评估工作。这一目标，在植物园科普一线人员接受一定评估培训之后，完全可以自主实施。主要是熟悉评估的方法，了解项目对受众在意识、知识、态度、技能和行为等方面的影响，为改进和完善科普工作提供数据支撑。中国植物园联盟每年举办的"环境教育研究与实践高级培训班"已经开始为此培养人才。

第二个层面，找准当前植物园领域科学普及工作的热点问题，加强植物园和高校、科研院所的合作，进行保护生物学、脑科学、传播学、儿童心理学、教育学、社会行为学等多学科交叉的研究，深入探讨与环境相关的行为是如何被影响和改变的、人和自然的连接如何有效建立、如何让不同文化背景的个人找到合适的与自然共存的方法等前沿问题，在国际植物园科学普及领域发出中国声音，与国际同行共享经验。

相信随着我国植物园科学普及工作评估的加强和完善，能够有效地实现科普实践和理论的相互促进，相得益彰，为推动我国的科学普及工作做出重要贡献。

结语

辰山植物园作为中国近 200 家植物园的一份子，具有一定典型性和代表性。它是在中国经济长期稳步发展的前提下，为了满足人民日益增长的追求美好生活的需要而诞生的，并在十年时间中得到了长足发展。

本书从介绍国内外植物园开展的科学普及工作开始，系统地梳理了辰山植物园在科普设施建设、主题活动、科普体系和科普评估几个方面所取得的成就，并详细介绍了科普工作的思路和方法，以求对中国植物园同行以及科普同仁具有一定的借鉴意义。

辰山植物园作为地处上海这所全球特大城市内的植物园，科学普及工作也有着鲜明的时代特色和地域特征。

第一，辰山植物园的科学普及工作面向最广泛的公众而设计。辰山植物园需要为上海的几千万城市居民服务，并辐射长三角地区，因此，才会有月季展、国际兰展、睡莲展以及草地广播音乐节、自然生活节等贴近公众需求的活动，植物与科学、艺术和休闲密切结合，让公众有充分的理由走进植物园，亲近大自然。

第二，重视以少年儿童为主体的科普活动开发。为少年儿童提供良好的户外玩耍空间和学习平台，提高少年儿童的科学素养是辰山植物园的重要工作。所以，辰山植物园内有在中国植物园中首屈一指的儿童园，也有着为少年儿童专门设计的"辰山奇妙夜""小植物学家训练营""准科学家培养计划"等系列品牌和各类中小学生研学活动。

第三，拥抱互联网技术下新的科普业态。随着智能手机的普及和新媒介的发展，线上科普成为一种必然趋势。特别是 2020 年新冠疫情的爆发，让更多的人习惯于"云生活"。辰山植物园紧紧抓住这一契机，不仅在微信、微博等传播平台上成为中国植物园科普工作的翘楚，更是及时推出"云赏花""云直播""云课题"系列，有计划地拍摄野花、野果、园艺种植等系列视频，最大程度地满足了公众的需求。

当然，我们也能看到，未来的植物园科普工作还面临很多挑战，需要更多的科普从业者和管理者从理论和实际出发寻找最佳的解决方案。

首先，植物园的科普教育，如何和学校教育更紧密地结合，这在世界范围内都是一个颇受关注的问题。植物园的科普，不能关起门来自己搞，不能割裂学校教育和植物园教育的关系，也不能简单地把学校的学习内容搬到植物园进行。这就需要植物园的科普一线工作者，要熟悉学校教育的内容和体系，充分和学校教师合作，让植物园成为学生把书本知识得以理解和实践的场所，这才是植物园这样的机构的独特价值。

其次，要更加关注学习者的学习过程。传统意义上理解的学习，还是"教师教学生学"这样的模式。然而现代教育理论认为，学习是一个更加复杂和多元的过程，应该在教育的过程中更加发挥学习者的主动性和创造性。这就需要植物园的教育工作者构建有效的学习机制，探究式学习、项目式学习应该成为植物园科普教育的常态。这也需要植物园教育工作者更加注重教学效果的评估工作，找到更加有效的教学模式。

第三，植物园科普教育目标的多元性。传统意义上，公众理解的植物园科普教育还是学习植物知识、培养关注环境的意识等。然而，从世界科普教育的发展趋势看，知识性的学习只是科普教育的一个方面。更多的教育者开始关注在植物园这种场所开展的教育活动中，培养学生的批判性思维、社区责任感、个人成长、领导力、学术能力等方面的内容。这也是中国植物园科普教育工作者在今后的课程设计中需要重点考虑的。

第四，关注中国植物园科普教育和国外植物园的相同之处和不同之处。长期以来，由于欧美国家植物园发展的历史悠久，经验丰富，因此是国内植物园学习的对象。中国植物园在科普教育的发展过程中，也确实学到了不少有益的经验。然而，由于国内外的政治体制、文化背景等差异，国外的案例并不能天然地搬到中国来应用，也不能因此忽略了中国自身的特色和优势。比如，近年来在中国兴起的自然教育热潮，既有着科普教育、环境教育的影响，又有其自身的独特性，特别是国内众多商业性自然教育机构的出现，在国外较少有类似经验可以参考。这就需要更多的人从实践层面和理论层面，探讨中国特色的自然教育的发展，而其中，植物园将会有其不可替代的作用。

在"十四五"期间，辰山植物园的科普工作将逐渐从单纯的科普活动组织往科普理论体系建设上发展，以重大问题、重大成果和重大影响为指导原则，探讨什么样的科学普及是高效的科普策略、科普品牌的创新性和影响力在哪里和科学普及如何与技术相结合等关键问题。以传播对象和效果评估入手，围绕公众需要什么、植物园提供什么、如何提供三个方向，构建植物园科学传播的理论体系，重点针对儿童在非正式教育场景下的学习模式、植物园中的家庭学习研究、"植物盲"现象及应对策略、公民科学项目的设计及效果、国际植物园科普教育的发展趋势等问题进行深入探讨。

当然，辰山植物园的科普工作，仅仅是百花齐放的中国植物园科普工作的一个缩影，我们也希望通过此书，更好地向公众展示中国植物园科普工作的现状及未来发展，和全国其他植物园一起，推动中国植物园科普事业往更高的水平发展。

参考文献

[1] 崔国鑫. 碎片化时代"官抖"的主流价值观传播探索 [J]. 视听, 2020,（1）: 165-166.

[2] 贺赫, 陈进. 中国植物园游客游览动机及满意度调查 [J]. 生物多样性, 2011, 19（5）: 589-596.

[3] 何祖霞. 植物园科普如何提高公众吸引力 [J]. 中国植物园, 2018, 21: 162-166.

[4] 洪德元. 三个"哪些"：植物园的使命 [J]. 生物多样性, 2016, 24: 728.

[5] 胡永红. 新世纪植物园的新发展 [J]. 中国园林, 2005,（10）: 12-18.

[6] 胡永红, 杨舒婷, 杨俊等. 植物园支持城市可持续发展的思考——以上海辰山植物园为例 [J]. 生物多样性, 2017, 25（9）: 951–958.

[7] 李娇, 王秀江. 以儿童为中心的科普教育活动探索——儿童中心"国际儿童壁画节"为例 [J]. 科普研究, 2011, 5（6）: 71-74.

[8] 贾鹤鹏. 我是科学家 iScientist: 中国的科学传播, 真的达到效果了吗? [EB/OL]. [2019-09-29]https://www.guokr.com/article/454789/.

[9] 焦阳, 邵云云, 廖景平, 黄宏文, 胡华斌, 张全发, 任海, 陈进. 中国植物园现状及未来发展策略 [J]. 中国科学院院刊, 2019, 34（12）: 1351-1358.

[10] 景佳, 韦强, 马曙, 廖景平. 科普活动的策划与组织实施 [M]. 武汉: 华中科技大学出版社, 2011.

[11] 任海, 段子渊. 科学植物园建设的理论与实践（第二版）[M]. 北京: 科学出版社, 2017.

[12] 王西敏, 王宋燕. 用绘画方法评估一次植物园夏令营成效 [J]. 中国植物园, 2020, 23: 25-28.

[13] 韦旭. 创新"互联网＋"科普活动新模式, 打造"互联网＋公益科普"品牌 [C]// 中国科普理论与实践探索——第二十三届全国科普理论研讨会论文集, 2016, 368-373.

[14] 吴灵琼, 朱艳. 新生态范式（NEP）量表在我国城市学生群体中的修订及信度、效度检验 [J]. 南京工业大学学报（社会科学版）, 2017,（2）: 53-58.

[15] 新华社. 第十一次中国公民科学素质抽样调查结果公民具备科学素质的比例达到 10.56% [EB/OL]. [2021-01-27]. http://www.xinhuanet.com/science/2021-01/27/c_139701108.htm.

[16] 许再富. 植物园的挑战——对洪德元院士的"三个'哪些'：植物园的使命"一

文的解读 [J]. 生物多样性，2017，25（9）：918-923.

[17] 袁梦飞，周建中. 我国高层次科普人才培养的现状与建议 [J]. 中国科学院院刊：政策与管理研究，2019，34（12）：1431-1439.

[18] 翟俊卿. 英国植物园教育的发展与实践 [J]. 科普研究，2013，47（6）：48-53.

[19] 翟俊卿，毛玮洁，梁文倩，张鸿澜. 亲子在参观自然博物馆过程中的对话研究 [J]. 现代教育技术，2015，25（11）：5-11.

[20] 郑巍. 新媒体技术下科技馆科学教育的转变及对策 [J]. 新媒体研究，2019，18：28-30.

[21] 周儒. 自然是最好的学校 [M]. 上海：上海科学技术出版社，2013.

[22] Balding M, Williams K J H. Plant blindness and the implications for plant conservation[J]. Conservation Biology, 2016, 30（6）: 1192-1199.

[23] Ballantyne R, Packer J, Hughes K. Environmental awareness, interests and motives of botanic gardens visitors: Implications for interpretive practice[J]. Tourism Management, 2008, 29（3）: 439-444.

[24] BGCI. About Botanic Gardens[EB/OL].[2020-2-3]. https://www.bgci.org/about/about-botanic-garden/.

[25] Jacobson S K, M. D. McDuff, Monroe M C. Conservation Education and Outreach Techniques[M]. Oxford: Oxford University Press, 2007.

[26] Leedy P, Ormrod J. Practical Research. Columbus: Pearson Prentice Hall, 2005.

[27] Li D, Chen J. Significant life experiences on the formation of environmental action among Chinese college students[J]. Environmental Education Research, 2015, 21（4）: 612-630.

[28] Wals A E J, Brody M, et al. Convergence Between Science and Environmental Education[J]. Science, 2014, 344: 583–584.

[29] Wandersee J H, Schussler, et al. Preventing plant blindness[J]. American Biology Teacher, 1999, 61（2）: 82+84+86.

[30] Wyse J, Sutherland L. International Agenda for Botanic Gardens in Conservation. London: Botanic Gardens Conservation International, 2000.

[31] Yang X, Chen J. Using discovery maps as a free-choice learning process can enhance the effectiveness of environmental education in a botanical garden[J]. Environmental Education Research, 2017, 23: 5, 656-674.

跋

中国植物园的科学普及工作已经进入了一个新的发展阶段。无论是从内容还是形式上来讲，植物园科普活动的广度和深度已经达到了新的高度，书中介绍辰山植物园的案例其实是中国植物园当前科学普及水平的缩影。

"植物园是生命世界的橱窗，也是公众和科学见面的场所，进行科普传播工作是植物园的重要使命。"早在1987年，国际植物园协会（IABG）主席伟诺·海沃德（Vernon Heywood）就如此描述植物园科普的重要性。然而，全球社会文化环境的剧烈变化也为植物园的科学普及工作带来了巨大的机遇和挑战。当前社会面临的一些重大问题，如气候变化、食品短缺、营养不良、生物多样性丧失等等，在科学层面和社会层面都是极为复杂和充满争议的，被称为"wicked-problem"（难解的问题）。

因为全球化带来的复杂性和不确定性，以及技术和社会的快速变革，导致了当前社会文化正在发生根本性的转变。联合国提出，整个国际社会必须学会如何应对可持续性发展的挑战。未来的科学普及工作，将更注重跨学科的科学家、教育工作者和公众之间的合作研究，通过更有效地了解公众参与和学习过程，将科学、社会与地方感、身份认同联系起来，从而产生具有深远意义的社会生态影响。

与此同时，互联网时代的到来深刻改变着人们的生活方式和思维方式，信息和知识瞬息万变。互联网的独特优势带给人们信息获取的便利性、快捷性，使得公众随时随地学习成为可能，学习效率极大提高，推动社会的创新。

但人和技术的关系是复杂的。技术有可能导致人和自然的脱节，比如对手机的过度依赖。互联网时代的信息超载、碎片化以及网络依赖、网络失范等现象，也同时对社会的创新发展带来了极大的负面影响；另一方面，这种技术实际上能够重新连接人与自然。比如利用信息和通信技术收集和分享数据的公民科学（citizen science），有助于加深人们对所处环境的体验，并加深他们对科学工作方式的理解，不仅为科学家提供帮助，也加强了公民对地方和全球可持续性问题的理解，以及需要做什么来解决这些问题的思考和行动能力。利用互联网技术和强大的搜索引擎功能，基于中国自然标本馆网站（CFH）平台，采用深度卷积神经网络的机器学习方法，开发的植物智能识别软件"形色"就是一例。

在未来的工作中，中国的植物园必将在科学普及领域发挥更大的作用，共同推进我国公民全面科学素质的提升。